新型农民科技人才培训教材

U0321091

现代肉鸭养殖
实用技术

贺绍君　　赵书景　编著

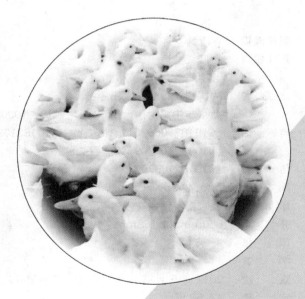

中国农业科学技术出版社

图书在版编目（CIP）数据

现代肉鸭养殖实用技术／贺绍君，赵书景编著．—北京：中国农业科学技术出版社，2012.5

ISBN 978 - 7 - 5116 - 0854 - 3

Ⅰ. ①现…　Ⅱ. ①贺…②赵　Ⅲ. ①肉用鸭 – 饲养管理　Ⅳ. ①S834

中国版本图书馆 CIP 数据核字（2012）第 053709 号

责任编辑	朱　绯
责任校对	贾晓红　范　潇

出 版 者	中国农业科学技术出版社
	北京市中关村南大街 12 号　邮编：100081
电　话	（010）82106626（编辑室）　（010）82109704（发行部）
	（010）82109709（读者服务部）
传　真	（010）82109707
网　址	http://www.castp.cn
印 刷 者	北京富泰印刷有限责任公司
开　本	850mm ×1 168mm　1/32
印　张	4. 25
字　数	114 千字
版　次	2012 年 5 月第 1 版　2013 年 3 月第 4 次印刷
定　价	12. 50 元

◄——— 版权所有·翻印必究 ———►

前　言

21 世纪以来，人口增加、耕地减少的问题日益严峻。为了保证国家的粮食安全和满足人们对肉类产品的需求，国家必须通过调整农业结构，优化农业布局，走高产、优质、高效、生态、安全的农牧业发展道路，在相对较少的耕地上生产出尽可能多、尽可能好的农牧产品。为了达到这一目的，国家必须扎扎实实地采取多种形式普及农业科学技术，提高农牧业劳动者素质，发展农牧业科技生产力。

这套丛书以广大农村基层群众为主要对象，以普及当前农业最新适用技术为目的，浅显易懂，真正是一套农民读得懂、买得起、用得上的"三农"力作。编写丛书的专家、教授，想农民之所想，急农民之所急，关心农民生活，关注农业科技，使这套丛书具有三个鲜明的特点：实用性——介绍实用的种植、养殖方面的关键技术；先进性——尽可能反映国内外种植、养殖方面的先进技术和科研成果；基础性——在介绍实用技术的同时，根据农村读者的实际情况和每本书的技术需要，适当介绍了有关种植、养殖的基础理论知识，让广大农民朋友既知道该怎么做，又懂得为什么要这样做。

《现代肉鸭养殖实用技术》一书集国内外大量有关肉鸭生产养殖方面的资料和最新研究成果，并力求结合国内的生产实际，围绕肉鸭高效生产养殖技术进行编写。本书在安徽科技学院贺绍君博士的精心编写下，语言通俗易懂，内容先进实用，适合农村肉鸭规模化生产养殖户、肉鸭生产养殖企业管理人员和技术人员阅读参考。

目　录

第一章 肉鸭的养殖现状和发展前景

一、世界养鸭业现状

世界养鸭业起步于 20 世纪 60 年代，发展于 80 年代。据联合国粮农组织（FAO）统计表明，1975 年全世界鸭存栏数仅 0.69 亿只；2002 年世界鸭存栏量 9.48 亿只，亚洲存栏量达 8.44 亿只，占世界鸭总存栏量的 89.0%，其次是欧洲鸭存栏量 0.63 亿只，占世界鸭总存栏量的 6.6%。2003 年全世界鸭存栏量已达到 11 亿只。在亚洲，鸭的饲养主要分布在中国、越南、泰国、印度尼西亚和印度等国，以中国最多，存栏量达 6.61 亿只，占世界鸭总存栏量的 69.7%，占亚洲的 78.3%。因此中国有"水禽王国"之称。

随着全世界养鸭业规模不断地发展和扩大，具有不同生产特征、特性的鸭品种及品系先后选育成功。英国从 20 世纪 60 年代开始樱桃谷肉鸭配套品系的选育，现已培育出超级瘦肉型樱桃谷肉鸭，销售到世界 100 多个国家和地区。同时，澳大利亚的狄高公司育成了性喜干爽、适应旱地饲养的狄高肉鸭配套品系。法国克里莫公司也培育出了瘤头鸭，因胸肌发达、肉质佳、瘦肉率高而著称于世，占法国养鸭数的 80%。美国利用引入的北京鸭育成了长岛北京鸭和快大型枫叶鸭。丹麦虽养鸭较少，却培育出既可水养又可旱养，特别是能较好适应南方夏季炎热气候条件的海格肉鸭品系，还培育出一个优良肉鸭品种丽佳鸭。我国则培育出了世界著名的肉鸭品种北京鸭，它先后被引入世界各地，如今几乎所有的快大型肉鸭品种均含有北京鸭的血统。

肉鸭养殖业经过几十年的发展，已成为具有"三高"（产品率高、饲料报酬高、劳动生产率高）、"两快"（生产周期快、投资见效快）、"一低"（成本低）特点的畜牧产业。这主要取决于鸭的生物学特性、经济学特性以及社会经济条件和人们的饮食习惯。鸭产品与其他家禽相比，有其独特的风味和营养价值。肉鸭早期生长快，生产周期短，上市日龄 42～45 天，体重可达到 3 千克以上。肉用仔鸭产品率高，饲料报酬高，屠宰率 85% 以上，全净膛率 73% 以上，胸腿肌率 23% 以上，料肉比可达到 2.5:1。鸭生活力强，耐粗放管理，适合于规模化饲养。家禽常见的传染病按自然感染发病的种类，鸭、鹅比鸡少 1/3 左右。肉鸭副产品如羽毛、肥肝已成为国际贸易的拳头产品，价值高，畅销全球。同时科学技术的发展也大大促进了肉鸭业的发展。利用基因的加性、显性效应，采用数量遗传、分子生物遗传等先进的育种手段，培育出不同特性的品系，然后进行二元、三元、四元杂交，以获得较理想的杂种优势和生产性能。建立了肉鸭营养标准，为生产者提供经济而有效的饲料配方，降低了生产成本，创造出较高的经济效益。同时，制定了肉鸭的防疫程序及各种疾病的防治措施，为肉鸭业的健康发展提供了根本保证。

二、我国养鸭业发展的历史与现状

我国养鸭的历史悠久，是世界上最大的养鸭国。这得益于我国得天独厚的各种条件，如海岸线长，内陆河流纵横交错，各地区水库、鱼塘星罗棋布，加之南方各地历来有利用鸭群中耕除虫、除草的传统养殖习惯。近年来，三高立体农业即"塘边养鸭、塘中养鱼、附近种果"的开发，为养鸭业的发展开辟了更为广阔的前景。据统计，1990 年我国鸭的存栏量达 3.63 亿只，进入 20 世纪 90 年代后，养鸭业迅速发展，1995 年达到 4.63 亿只，2002 年鸭存栏量为 6.61 亿只，居世界首位。

我国养鸭业已向集约化、专业化、现代化、科学化的方向发展。中国香港和昌集团与丹麦育种中心合资经营的丽佳良种有限公司丽佳种鸭场是世界规模最大的现代化种鸭基地，长年存栏祖代配套系种鸭，年产父母代种雏 50 万只，年产肉鸭 600 万只。江苏省射阳县新洋农场积极发展肉鸭养殖，实行网上现代饲养，年出栏 100 万只。1992 年，四川省绵阳市畜牧食品总公司与英国樱桃谷鸭公司合资兴办了樱桃谷超级肉鸭祖代种鸭场。广东南海第二种鸭场，拥有父母代种鸭近 10 万套，年产商品鸭苗近千万只。

我国现已培育和引进不少优良品种，大大提高了肉鸭的生产性能。北京鸭是闻名于世的肉用型品种。中国农业科学院畜牧研究所培育出 Z_1、Z_2 配套系列，其生产性能达到樱桃谷超级肉鸭生产水平，已推广到国内各地。四川农业大学从 1986 年起对引进的樱桃谷肉鸭进行选育，成功地培育出天府肉鸭系列配套。商品代肉鸭 6 周龄活重 2.5 ~ 2.8 千克，饲料转化率为（2.4 ~ 2.5）：1。广东佛山科学技术学院农牧分院培育出的仙湖 I 号、仙湖 II 号，其配套商品代生产性能也达到樱桃谷肉鸭水平。同时，我国本地品种如高邮鸭、建昌鸭、大余鸭、巢湖鸭、昆山鸭、沔阳鸭等均进行过很大程度的选育提高，引进一批产肉性能优良的如樱桃谷超级肉鸭、狄高鸭、枫叶鸭、丽佳鸭等大型肉鸭品种，这些对推动我国肉鸭业的发展起到了积极的作用。

三、我国肉鸭养殖业的发展前景及存在问题

我国肉鸭养殖量占世界养殖总量的比例在逐年增长。养鸭在农村经济中（特别是南方）占有重要的地位。随着经济的发展，在北方地区消费鸭肉较少的省份现也开始大量饲养超级肉鸭。随着樱桃谷鸭的成功推广，传统的养禽业的结构也在发生着很大的变化，在养鸭业进行产业化生产已是目前国内外有识之士的一致

看法。在我国东南沿海及台湾地区，用番鸭和肉鸭进行杂交生产半番鸭，肉质很好，深受消费者喜爱。我国从 20 世纪 90 年代初起，由于鸭的销售价格与其他家禽相比具有竞争力，刺激了生产，每年鸭的生产及消费增长都比较快。

肉鸭加工产品由于国际市场需求连年增长，价格也有吸引力，不少省、市纷纷上养鸭企业，近几年投资在 5 000 万元以上的大型养鸭企业达 15 家以上，投资在 1 000 万～2 000 万元之间的企业就更多了。南京是中国鸭都，每年肉鸭消费在 2 000 万～3 000 万只以上，南京的盐水鸭、桂花鸭更是全国驰名；两广历来就喜食鲜活产品，对肉鸭也不例外，中国香港、中国澳门及广州附近的毛鸭市场也很大。但由于国内市场的消费层次还比较落后，对加工出来的分割产品的需求还要有一个市场培育过程，如何引导消费鸭产品，也是养鸭企业应做的工作。相信随着国家的不断富强、人民生活水平的持续提高，鸭产品市场会越来越大，养鸭企业的发展前景也会越来越好。但随着市场经济的快速发展，企业间的竞争愈演愈烈。全国家禽生产的全面健康发展，不但在传统的家禽生产大省持续增长，一些生产相对落后的省区也有了长足进步。纵观整个肉鸭发展的趋势，肉鸭养殖业必须注意以下几点：

1. 努力开拓市场，根据市场需求组织生产。生产出口产品的企业，除保证完成国际订单外，还不能忽视国内市场。国内市场现在虽然利润较低，但前景更广阔。随着人民消费观念的改变，生产高附加值的产品同样大有可为，鸭熟食品的产量在逐年增长。应在花色、品种上下工夫，多生产适合大众消费的产品。肉鸭生产应从小农经济向规模化方向发展，走产、供、销一条龙配套生产的路子，提高经济效益和社会效益。我国肉鸭生产近几年增长速度快，个别地方已呈现规模化生产趋势，但大部分地区仍是小规模饲养，肉鸭生产大起大落现象时有发生，造成不必要的经济损失。分割鸭肉如胸肉块、腿肉块的专卖店市场较少，营养价值较高的肥肝产品还没有很好地开发利用。屠宰加工后的副产品及羽毛副产品需要进一步拓宽销售渠道。只有走产业化道路才能克服市场的无序性和盲目性，做到供需总量平衡。

2. 进一步加强肉鸭良种培育。要生产好的产品，必须要有好的种源。对养鸭企业来说，好的种鸭是搞好企业的基本条件。樱桃谷 SM3 超级肉鸭作为当今世界上最好的品种之一，是企业的最佳选择。但企业必须提前与种鸭生产单位签订合同，以便能及时按自己的时间要求保质保量购进种鸭。肉鸭商品代良种覆盖率应在 80% 以上。我国快大型肉鸭品种，早期生长速度和饲料转化率基本上得到解决。但随着生长速度的增长，相应地带来肉用仔鸭腹脂、皮脂沉积过多而不受市场欢迎的新问题。

3. 抓好管理，降低生产成本。把技术水平熟练、有一定管理和工作经验、专业技术较强的人员派到各处关键岗位，加强内部管理和部门之间的协调，提高员工的生产技术水平，使企业的管理水平上到一个新的高度。根据自己的生产能力，生产适销对路的产品，减少库存，加速货款回收和资金流动，以实现单位产品成本最低并随时根据市场情况调整产品结构。

4. 要保证鸭产品的安全性，不管是针对出口还是满足国内的需要，要以高度的责任感，从饲料上下工夫，不添加违禁的药物。对于鸭产品加工的企业，最好通过食品加工认证，这是更好促进产品质量的必不可少的条件，也有利于提高产品市场竞争力。

5. 加强疫病防控，特别是对禽流感的防控工作，这是关系到国内禽产品出口和人民生命健康的大事。目前鸭病的防控工作只有从预防上着手。对于种鸭进行疫苗注射，对场地进行彻底的消毒，对进出的车辆进行有效的管制，从根本上切断疾病传播。

6. 加强行业间的信息交流，随时掌握养鸭业的生产动态、疾病流行情况、市场发展趋势，学习先进企业的管理经验，做到全行业的共同发展和进步。

四、规模化养鸭的科学规划

1. 综合考虑资金投入与经济效益的关系

规模化养殖首先要考虑的是成本问题。我国肉鸭规模化养殖中有些技术措施、建筑标准很难达到标准要求；机械化、自动化程度也相对较低。在工厂化鸭场建设规划、立项之初，就必须认真贯彻科学性、经济效益与社会效益并重的理念。坚持科学设计，充分利用社会资源。要在满足鸭生理特点的前提下，因地、因时制宜，尽量提高经济收益率。

2. 大力发展专业化、工厂化生产

我国养鸭生产专业化、社会化程度较低，各生产环节利益分配不平衡，一些养鸭场自备饲料加工厂、发电装置、运输人员等，从表面上看是机械化了，但劳动生产率并不高，造成投资大、资金回报率低。

3. 生产设施、设备的规范化

必须按工业化生产要求来选择设施、设备。不管是何种生产目的，采用何种饲养方式，除按生产目的选择优良品种外，还必须为这些品种的生产提供好的饲养设施和饲养条件，使这些品种能在良好的饲养条件下健康生活。

4. 转变观念，提高经营管理水平

分析区域性市场和消费群体的层次，搞好市场定位，以适应不同消费群体的需求，尤其应顺应绿色食品发展的大趋势，满足消费者绿色消费需求。积极推进产业化经营，提高专业化程度，平衡产业链各环节利益，提高规模化程度，在家禽养殖业的微利化时代，取得规模效益、管理效益。培植禽产品物流企业，提供除生产以外所有环节的第三方物流服务，提高市场化程度。树立品牌意识、质量意识，积极开展禽产品深加工提高附加值。

5. 大力开展废弃物综合利用

　　建立健全一套治理养鸭污染的政策措施，加强环境质量监测管理，做到养鸭废弃物处理与环境保护并重，维护生态平衡。利用生态营养学原理，通过营养调控措施，合理减少营养物质的排泄和浪费。大力提倡立体养殖体系，优化生产方式，建设综合生态养鸭场。使用新型高效除臭剂，减少动物代谢臭气的产生。严格规范动物用药标准，减少药物残留和排泄。

第二章　鸭场规划与建设

一、场址的选择

选择好鸭场的场址，不但关系到经济效益的高低，而且是养殖肉鸭成败的关键之一。因此在养鸭之前要认真做好周密计划，选择最合适的地点建造鸭场。选择场址需注意以下 6 点。

1. 水源充足，水活浪小

鸭是水禽，日常活动都与水有密切联系，洗澡、交配都离不开水，水上运动场是完整鸭舍的重要组成部分，所以养鸭的用水量特别大，要有廉价的自然水源，才能降低饲养成本。选择场址时，水源充足是首要条件，即使是干旱的季节，也不能断水。通常将鸭舍建在河湖之滨，水面尽量宽阔，水活浪小，水深为 1 ~ 2 米。如果是河流交通要道，不应选主航道，以免骚扰过多，引起鸭群应激。大型鸭场，最好场内另建深井，保证水源和水质。

2. 无环境污染

鸭场周围 5 千米内，绝对不能有禽畜屠宰场，也不能有排放污水或有毒气体的化工厂、农药厂，并且离居民点也要在 5 千米以上。鸭场所使用的水必须洁净，每 100 毫升水中的大肠杆菌数不得超过 5 000 个；溶于水中的硝酸盐或亚硝酸盐含量过高，对鸭的健康有损害。尽可能在工厂和城镇的上游建场，以保持空气清新、水质优良、环境不被污染。

3. 地势高燥，排水良好

鸭场的地形要稍高一些，地势要略向水面倾斜，最好有 5° ~ 10° 的坡度，以利排水；土质以沙质壤土最适合，雨后易干燥，不宜选在黏性太大的重黏土上建造鸭场，否则容易造成雨后泥泞积水。尤其不能在排水不良的低洼地建场，否则每年雨季到来时，鸭舍被水淹没，造成不可估量的损失。

4. 交通方便，远离车站码头

鸭场的产品、饲料以及各种物资的进出，运输所需的费用相当大，建场时要选在交通方便，尽可能距离主要集散地近些，最好有公路、水路或铁路连接，以降低运输费用，但绝不能在车站、码头或交通要道（公路或铁路）的近旁建场，以免给防疫造成麻烦。而且，环境不安静，也会造成应激，影响肉鸭生长。

5. 方向朝南最佳

选择朝向，以坐北朝南最理想。鸭舍要建在水源的北边，把鸭滩和水上运动场放在鸭舍的南面，使鸭舍的大门正对水面，向南开放，这种朝向的鸭舍冬季采光吸热好，夏季通风，但又晒不到太阳，具有冬暖夏凉的特点，有利于提高产蛋率。如果找不到朝南的地址，朝东南或朝东也可以，但绝对不能在朝西或朝北的地段建鸭舍，因为这种西北朝向的房舍，夏季迎西晒太阳，舍内气温高，像蒸笼一样闷热，不但影响产蛋，而且容易造成鸭子中暑死亡；冬季迎着西北风，气温低，鸭子耗料多。

6. 其他条件

沿海地区要考虑台风的影响，易遭受台风袭击的地方不宜建造鸭舍；夏季通风不良，气温过高，或冬季风大，易遭受寒流侵袭的地方也不宜建造鸭舍。鸭场不能无电，晚上必须照明，尚未通电地区要增加接电拉线的费用；电源不稳定地区，经常停电易使鸭群产生应激，并影响电机孵化。排污，处理废物的方式，污水粪便的去向等问题，也要在建造鸭场前通盘考虑，做好周密计划。

二、鸭场布局

1. 区间布局的原则

一是要便于管理，有利于提高工作效率，照顾各区间的相互联系；二是要便于搞好防疫灭病工作，规划时要充分考虑主导风向和上下流的关系；三是生产区应按作业的流程顺序安排。四是要节约基建投资费用。

根据上述原则，具体规划时，按主导风向考虑，行政区应设在与生产区风向平行的一侧，生活区设在行政区之后；按河道的上下游考虑，育雏舍、育成舍在上游，种鸭舍与上述鸭舍应有300 米以上的距离，行政区与生活区应离开放鸭的河道，保证生活污水不排入河道中。从便于作业考虑，饲料仓库应设在行政区和生产区之间，尽可能接近耗料最多的鸭舍；从防疫角度考虑，场内道路应分清洁道和非清洁道，两者互不交叉，清洁道用于运输活鸭、饲料、产品，非清洁道用于运输粪便、死鸭等污物。大区之间应有围墙隔开，并设有绿化地带；尤其生产区要有围墙，进入生产区内必须换衣、换鞋、消毒；生活区与生产区之间应保持一定的距离。

2. 鸭场各区划分

（1）行政区　包括办公室、供电室、锅炉房、水塔、车库等。

（2）生产区　洗澡、消毒、更衣室，饲养员休息室，鸭舍（育雏室、育成舍、蛋鸭或肉鸭舍、种鸭舍），蛋库，兽医室，病鸭隔离舍，厕所等。

（3）生活区　职工宿舍、食堂等。

3. 生产区的布局设计

生产区是鸭场总体布局中的主体，设计时应根据鸭场的性质有所侧重，如育种场应以种鸭舍为重点，商品肉鸭场应以肉鸭舍为重点，各种鸭舍之间都应设绿化带。

（1）鸭舍　最基本的要求是可以遮阳防晒、阻挡风雨、防止兽害。鸭舍的面积视鸭群大小而定，一般生产鸭舍的宽度为8~10米，长度根据需要而定。为操作方便起见，鸭舍的最长长度不宜超过100米。不论鸭舍的总长度多少，分间时，每一小单间形状以正方形或接近正方形为好，便于鸭群在室内转圈运动；决不能把鸭舍分隔成狭窄的长方形，因为狭长形的鸭舍在鸭进舍做转圈运动时，极易拥挤践踏致伤。

（2）鸭滩　又称陆上运动场。一端紧连鸭舍，一端直通水面，为鸭群吃食、梳理羽毛和白天休息的场所，其面积应大于鸭舍50%以上。鸭滩的地面必须平整，略向水面倾斜，不允许坑坑洼洼，以免蓄积污水。鸭滩的大部分地方都是泥土地面，只在连接水面的倾斜之处，要用水泥沙石做成斜坡，坡度25°~35°，斜坡要深入水中，比枯水期的最低水位还低。鸭滩斜坡与水面连接处，必须用块石砌好。不能图一时省钱用泥土垫底脚，否则经水浪多次冲击，泥土陷塌后，上面的水泥面会塌下。由于这个斜坡是鸭子每天上下水必经之地，使用率极高，而且上有雨水淋漓，下有水浪冲击，非常容易损坏，必须在养鸭以前修得很坚固、很平整。鸭滩如出现凹凸不平时，要及时修复，由于鸭脚短，飞翔能力差，不平的地面不利于群鸭行动，常使鸭子跌倒碰伤。可用喂鸭后剩下的河蚌壳、螺蛳壳铺在鸭滩上，这样，即使在大雨以后，鸭滩仍可保持干燥清洁。

（3）水围　即水上运动场。其面积不应小于鸭滩，考虑到枯水季节时水面缩小，所以尽可能围大一些。在鸭舍、鸭滩、水围3部分的连接处，均需用围栏把它们围成一体，根据鸭舍的分间和鸭子分群情况，每群分隔成一个部分。陆上运动场的围栏高度为50~60厘米，水上运动场的围栏应超过最高水位50厘米，深入水下1米以上。如用于育种或饲养试验的鸭舍，必须进行严格分群时，围栏应深入水底，以免串群。有的地方将围栏做成活动的，围栏高 1.5~2 米，绑在固定的桩上，视水位高低而灵活升降，经常保持水上 50 厘米、水下 100~150 厘米。

（4）环境绿化　鸭场绿化不但调节鸭舍的小气候，而且给人以现代新农村的文明美好印象，这是每个鸭场经营者必须重视的问题。养鸭以前先在运动场上种好落叶树，这样夏天可以遮阳防晒，绿化以种葡萄较合适，1 000 只鸭的鸭滩，种上 4~6 株葡萄，既可解决遮阳问题，又能增加一笔水果的收入。鸭舍四周和道路两旁，也要种上树木，一般选择落叶的用材林较为合适。

三、鸭舍建筑

鸭舍的类型，分简易鸭舍和固定鸭舍两大类。鸭舍的建筑要求，一是要能防寒保暖。特别是屋顶，除瓦片或油毛毡外，还需有一个隔热保温层，北墙要厚实，以防冬季西北风渗透；二是要通风良好。鸭舍与主导风向要有一定角度，可使舍内气流均匀，无风的滞流区相应缩小，当风向角达到 45°时，通风效果最佳；三是要能防鼠、狗、狼、蛇等的侵害；四是要便于清洗消毒，排水良好；五是要能保持安静，减少应激；六是要降低造价，节约投资。

1. 简易鸭舍

简易鸭舍分行棚和草舍两种。

（1）行棚　这是最简陋的一种鸭舍，它没有固定的场址，随放牧的群鸭而移动。一座行棚的主要设备有下列几种。

①行棚架：用木条或竹竿制成，中间高 2 米，下方底宽 2 米，弯成弓形，使用时将棚架插入地中，连接起来像一只有篷的小船。

②簟帘或塑料布：盖于棚架上，用于遮雨挡风，数量根据行棚面积而定。

③小船：2~3 条，用于赶鸭、运输材料和临时住人等用。

④生活用具：床、被、帐、锅、炉、灶等生活用具一套。

⑤饲养用具：饲槽、水盆、水桶、竹竿、马灯等养鸭用具若干。

（2）草舍　这是较固定的一种简易鸭舍。首先，按建场的要求选好地址，然后根据饲养量的多少设计鸭舍。一般长度8~10米，宽度7~8米（两间并成一个单元），一个单元可养肉鸭600只左右。建造草舍的主要原料是毛竹和稻草（或茅草）。一般以毛竹作骨架，柱脚、横梁、人字架都用毛竹，用稻草编成草帘，依次盖在竹制的屋顶上。如要经久耐用，可在草帘上面再覆盖一层油毛毡。

草舍的优点是：投资省，建造快，而且保温和隔热性能好。夏天可卸下四周的草帘，通风降温，冬天用草帘将四壁围严实，达到冬暖夏凉的要求。所以，我国东南各省的养鸭专业户，大多用草舍养鸭，效果甚佳。

2. 固定鸭舍

固定鸭舍按建筑式样可分为：单列式、双列式，密闭式、开放式、半开放式，平养鸭舍、网上饲养鸭舍、半网上饲养鸭舍等。按用途可分为：育雏鸭舍、育成鸭舍、填鸭舍、种鸭舍。雏鸭舍按饲养方式又可分为平养雏鸭舍、网养雏鸭舍和笼养雏鸭舍三种。

（1）平养雏鸭舍　一般采用有窗单列带走廊式育雏舍。在育雏舍的南墙设有供暖设施，北墙设置走廊，宽1米左右。整个雏鸭舍为了保暖，便于管理，分割成若干个小区，使用起来十分方便。鸭舍的地面上铺有稻草等垫料。为保持舍内干燥，应避免饮水器中的水洒在地面上，可在育雏舍的一侧用水泥筑一水槽，上面盖有铁丝或漏缝地板，饮水器放在上面，洒出的水漏入水泥槽内排出舍外。鸭舍南北墙设窗，每侧上下两排窗。下排窗除起到通风降温的作用外，还可以供鸭群出入运动场。但要设置网罩以防兽害。鸭舍的走廊与雏鸭区用围栏隔开，食槽在围栏中心。运动场和水浴池设在育雏舍的南面，同时在运动场中心部位要搭建遮阳凉棚。

（2）网养雏鸭舍 网上饲养雏鸭舍是目前使用最多的一种形式。多采用有窗双列单走廊式雏鸭舍。这种鸭舍跨度为 8 米，走道宽 1 米。走廊设在中间，两侧为网状鸭床，鸭床用水泥杆、木料或毛竹搭成框架，长宽根据鸭舍大小而定，离地面的高度以饲养员喂料、加水、除粪方便而定。上面铺塑料网、金属网等，网眼大小为 13 毫米左右。每舍分若干个小圈，便于分群管理。网架外侧设高 50 厘米左右的栏栅，栏栅的间距为 5 厘米，在栏栅内侧设置水槽和食槽。鸭舍地面为水泥地面，网架下的地面建成 "V" 形沟，形成一定的坡度，坡沟面的倾斜度为 30°，雏鸭排泄物可直接漏在 "V" 形沟中，用清水冲入集粪池中。网养雏鸭舍比平养雏鸭舍卫生条件好，节约垫草和能源，节省劳动力，便于管理、消毒、除粪，但一次性的投资费用较大。

（3）笼养雏鸭舍 采用南北各一排或中间两排，走廊设在中间或两边。鸭笼由金属或竹木制成，长 2 米，宽 1 米，高 30 厘米，笼底用竹片或铁丝制成网眼，网眼大小为 1 厘米见方，鸭笼底层离地面 60 厘米，粪便直接落下，用高压水枪冲入粪沟内，饲料槽设在笼外，另一侧为流动水的饮水器。两层叠层式，上层底板离地面 90 厘米，下层底板离地面 60 厘米，上、下两层设承粪板。在保证通风的情况下，笼养育雏可提高饲养密度，一般每平方米饲养 25 ~ 30 只。若分为两层，每平方米可饲养 50 ~ 60 只。目前，大多数的养殖场采用单层笼养。

（4）育成鸭舍 育成鸭阶段，生长快，生活力强，对温度的要求不像雏鸭那样严格。所以，育成鸭舍的建筑比较简单，只要能遮挡风雨，室内能保持干燥，冬季可以保温，夏季通风良好的简易建筑，均可用来饲养育成鸭。一般，育成鸭舍的地面都是泥地，不浇水泥，但要有一定的倾斜，在较低的一边做一条排水沟，沟上铺铅丝网或木条，上置饮水器，使饮水时溅出的水和舍内渗出的水，都能流到沟中，排出室外，以保持舍内干燥。

（5）填鸭舍　填鸭舍与育成鸭舍差不多，要求并不高，建筑比较简单，地面大多采用夯实的泥土，但必须有饮水装置（水槽或饮水器），一般都将水槽装在排水沟上，使溢出的水能流入沟中（沟的上方仍需盖铅丝网或木条）。所不同的是，填鸭舍要分隔成若干小圈，每圈面积为 12 平方米，约可容纳 50 只填鸭，每圈设一扇小门，通向走道。较长的鸭舍，把填饲间放在中间，把两端各舍的鸭子按次序赶到中间填饲。较短的鸭舍可将填饲间放在任何一端。

（6）种鸭舍　目前，我国各地饲养种鸭，尚未采用机械化、自动化作业，一般都是平地饲养，手工操作。鸭舍有单列式和双列式两种，双列式种鸭舍必须具备两边都有水浴的条件。

种鸭舍的防寒隔热性能要优良，房顶要有天花板或加隔热装置，北墙不能漏风，屋檐高 2.6 ~ 2.8 米，窗与地面面积的比例为 1：8，南窗的面积可比北窗大 1 倍，南窗离地高 60 ~ 70 厘米，北窗离地高 1 ~ 1.2 米，并设气窗。为使夏季通风良好，北边可开设地脚窗，但不用玻璃，只安装铁条或铅丝网，以防兽害，寒冷季节用油布或塑料布封住，以防漏风。

种鸭舍除设置排水沟外（要求与雏鸭舍相同），还要有供种鸭晚间产蛋的处所。单列式种鸭舍，走道在北边，排水沟紧靠走道旁，上盖铁丝网或木条，饮水器放在铁丝网上，南边靠墙的一侧，地势略高，可放置产蛋箱。产蛋箱宽 30 厘米，长 40 厘米，用木板钉成，无底，前面较低（高 12 ~ 15 厘米），供鸭子进出，其他三面高 35 厘米，箱底垫木屑或切短的干净垫草。每只箱子可供 3 只蛋用型种鸭或 4 只肉用型种鸭使用。我国东南沿海各省饲养蛋鸭，都不用产蛋箱，直接在鸭舍内靠墙壁的各侧，把干草垫高垫宽（40 ~ 50 厘米），可供种鸭夜间产蛋之用。这种垫草必须保持干净，而且要高于舍内的地面。双列式种鸭舍，走道在中间，排水沟分别紧靠走道的两侧，在排水沟对面靠墙的一侧，地势稍高，放置产蛋箱或厚垫干草，供种鸭夜间产蛋之用。

种鸭舍必须具有配套的水围供种鸭交配、洗澡之用，如果不具备水面条件，特别是双列式种鸭舍，常常一边有河道（或湖泊），另一边是旱地，在这种条件下，需要挖一条人工的洗浴池，洗浴池的大小和深度根据鸭群数量而定。一般洗浴池宽2.5~3米，深0.5~0.8米，用水泥砌成，不能漏水。洗浴池挖在运动场的最低处，利于排水，洗浴池和下水道连接处，要修一个沉淀井，在排水时，可将泥沙、粪便等沉淀下来，免得堵塞排水道。种鸭的运动场，如尚未种植遮阳的树木，应搭建凉棚，凉棚的面积与鸭舍面积相似，把在舍外饲喂的料槽放在凉棚下，以防饲料在雨天被淋。

第三章　肉鸭的品种

人们把鸭按照一定的经济目的，经过长期驯化和选择培育成三种用途的品种，即：肉用型、蛋用型和兼用型三种类型。

肉用型有：北京鸭、樱桃谷鸭、天府肉鸭、狄高鸭等。

蛋用型有：绍兴鸭、金定鸭、攸县麻鸭、荆江鸭、三穗鸭等。

兼用型有：高邮鸭、建昌鸭、巢湖鸭、桂西鸭、沔阳鸭等。

本书主要介绍肉用型和兼用型。

一、肉用型鸭

1. 北京鸭

北京鸭中心产区在北京。北京鸭在我国除西北地区饲养较少外，全国各地均有饲养。

体型外貌：体型硕大丰满，挺拔美观。头较大。喙中等大小。眼大明亮。颈粗、中等长。体躯长方，前部昂起，与地面约呈30°角，背宽平，胸部丰满，胸骨长而直。两翅较小而紧附于体躯。尾短而上翘，公鸭有4根卷起的性羽。产蛋母鸭因输卵管发达而腹部丰满，显得后躯大于前躯，腿短粗，蹼宽厚。全身羽毛丰满，羽色纯白并带有奶油光泽；喙、胫、蹼橙黄色或橘红色；虹彩蓝灰色。初生雏鸭绒羽金黄色，称为"鸭黄"，随日龄增加颜色逐渐变浅，至4周龄前后变成白色；至60日龄羽毛长齐，喙、胫、蹼橘红色。

生产性能：北京鸭大型父本品系的公鸭体重4～4.5千克、母鸭3.5～4千克；母本品系的公母体重稍轻些。肉用仔鸭7周龄体重 3 千克以上。料肉比 3∶1。开产日龄 150～180 天。头年产蛋量 180～200 枚。经强制换羽后，第二个产蛋期可产蛋100 枚以上。平均蛋重 90 克左右，蛋壳白色。公母配比 1∶5。种蛋受精率 90% 以上。受精蛋孵化率 80%～90%。

2. 樱桃谷肉鸭

原产于英国，我国于 20 世纪 80 年代开始引入，建立了祖代场，是世界著名的瘦肉型鸭。具有生长快、瘦肉率高、净肉率高和饲料转化率高，以及抗病力强等优点。

体型外貌：樱桃谷鸭体型较大，羽毛白色，喙、胫、蹼都是橘红色，属大型北京鸭型肉鸭。

生产性能：成年体重为公鸭 4.0～4.5 千克，母鸭 3.5～4.0 千克。父母代群母鸭性成熟期 26 周龄，年平均产蛋 210～220 枚。白羽 L 系商品鸭 47 日龄体重 3.0 千克，料重比 3∶1，瘦肉率达 70% 以上，胸肉率 23.6%～24.7%。

3. 芙蓉鸭

芙蓉鸭是上海市农业科学院畜牧兽医研究所选育的瘦肉型配套系肉鸭，在制种过程中引入野鸭血液。其肉质鲜嫩可口，深受消费者喜爱。

体型外貌：体型较大，羽白色，头颈粗短，胸宽厚，胸肌丰满。

生产性能：商品代 8 周龄活重 2.97 千克，料肉比 2.85∶1，胴体胸肌率 15.33%，皮肤中皮脂 29.3%。

4. 天府肉鸭

天府肉鸭是四川农业大学家禽育种专家王林全教授利用引进种和地方良种的优良基因，采用适度回交和基因引入技术育成的遗传性能稳定、适应性和抗病力强的大型肉鸭商用配套品系。天府肉鸭已广泛分布于四川、云南等地。

体型外貌：体型硕大丰满，羽毛洁白，喙、胫、蹼呈橙黄色；母鸭随着产蛋日龄的增长，颜色逐渐变浅，甚至出现黑斑；

初生雏鸭绒毛呈黄色。

生产性能：天府肉鸭白羽系，父母代种鸭26周龄开产（产蛋率达5%），年产合格种蛋240～250枚，蛋重85～88克，受精率90%以上。商品代肉鸭4周龄活重1.8～1.9千克，料肉比（1.6～1.8）：1；6周龄活重2.9～3千克，料肉比（2.2～2.4）：1；7周龄活重3.2～3.3千克，料肉比（2.5～2.6）：1。

5. 昆山鸭

江苏省苏州地区的培育品种。原始亲本为当地的娄门鸭，引进北京鸭进行杂交，以提高肉用性能，从1964年开始，经14年的杂交、选育和推广，至1978年通过鉴定，定为肉蛋兼用型品种。具有体型大，生长快，肉质好等特点。

体型外貌：体型似父本北京鸭，头大，颈粗，体躯长方形，胸宽腹深。羽毛颜色似母本。公鸭头颈部墨绿色，体躯背侧和尾部为黑褐色，体躯两侧为灰褐色，有芦花纹，腹部白色，镜羽蓝绿色，喙青绿色，胫蹼橘红色；母鸭全身羽毛为深褐色麻雀羽，镜羽绿色，眼上方有白色眉纹。

生产性能：成年体重，公鸭3.5千克，母鸭3.0千克；60日龄仔鸭体重2.4千克；开产日龄180天左右，年平均产蛋量140～160枚，蛋重80克左右；蛋壳浅褐色，少数青色。

6. 狄高鸭

狄高鸭是澳大利亚狄高公司用中国北京鸭经选育而成的大型肉用鸭。该鸭由广东省华侨农场管理局下属的农场每年从澳大利亚引进父母代鸭。

体型外貌：羽毛白色，喙、胫、蹼橘红色。体大，胸宽，胸肌丰满。本品种喜欢栖息在干燥而有树荫的坡地上，能在陆地上交配，适于丘陵地区饲养。

生产性能：狄高鸭的主要生产性能，据该公司资料，7周龄商品代活重3千克。每千克增重耗料3千克。种鸭每羽年平均产蛋150枚以上。雏鸭21天长出大毛，45天齐羽，56天平均活重

3 千克左右。具有早熟、易肥、皮脆肉嫩、质优味鲜等特点。

二、兼用型鸭

1. 高邮鸭

高邮鸭又称台鸭、绵鸭，是我国较大型的麻鸭品种。产于江苏省高邮、宝应、兴化等县，分布于江苏北部京杭运河沿岸的里下河地区。本品种觅食能力强，善潜水，适于放牧，肉质好，产蛋大，产双黄蛋的频率较高。笔者在高邮县曾见到有三黄、四黄的鸭蛋。

体型外貌：公鸭体型较大，背阔肩宽胸深，体躯呈长方形。头和颈上半部羽毛深绿色；背、腰、胸褐色芦花羽；臀部黑色；腹部白色。喙青绿色，喙尖豆黑色。眼大有神，虹彩深褐色。胫、蹼橘红色，爪黑色。母鸭细颈长身，羽毛紧密，胸宽深，臀部方形，两腿健壮有力。全身羽毛淡棕褐色，如麻雀羽毛，花纹细小，主翼羽蓝黑色。喙青色，喙尖豆黑色。虹彩深褐。爪黑色。雏鸭黄绒毛，黑头星，黑线脊，黑尾巴，青喙，胫、蹼深墨绿色，爪黑色。

生产性能：成年体重为公鸭 2.3 ~ 2.4 千克，母鸭 2.6 ~ 2.7 千克。70 日龄体重，放牧条件下 1.5 千克左右，较好的饲养条件下 1.8 ~ 2 千克。屠宰率，半净膛 80% 以上，全净膛 70% 左右。开产日龄 110 ~ 140 天。年产蛋量 140 ~ 160 枚（高产群可达 180 枚），平均蛋重 75.9 克，双黄蛋较多，约占 0.3%，蛋壳有白、青两种，白壳蛋约占 83%，青壳蛋占 17%。公母配比 1 : (25 ~ 30)，种蛋受精率 90% 以上。受精蛋孵化率 85% 以上。

2. 建昌鸭

麻鸭类型中肉用性能较好的品种，以生产大肥肝而闻名，故有"大肝鸭"的美称。产于四川省的西昌、德昌、冕宁、米易和会理等县。西昌古称建昌，因而得名建昌鸭。产区位于康藏高原和云贵高原之间的安宁河河谷地带，属亚热带气候。当地素有腌制板鸭、填肥取肝和食用鸭油的习惯，经过长期的选择和培育，才形成以肉为主、肉蛋兼用的品种。

体型外貌：体躯宽阔、头大颈粗为其显著特征。公鸭头、颈上部羽毛墨绿色，具光泽，颈下部多有一白色颈圈；尾羽黑色，2～4根性羽向背部卷曲。前胸和鞍羽红褐色；腹部羽毛银灰色，喙黄绿色，故称"绿头、红胸、银肚、青嘴公"。胫、蹼橘红色。母鸭以浅褐麻雀色居多，占65%～70%。喙橙黄色。胫、蹼多数橘红色。建昌鸭中约有15%的白胸黑鸭，公母鸭羽色相同，前胸白色，体羽乌黑色；喙、胫、蹼黑色。

生产性能：成年体重，公鸭2.2～2.5千克、母鸭2～2.3千克。肉用仔鸭8周龄平均活重1.3～1.6千克。全净膛屠宰率，公鸭72.3%、母鸭74.1%。平均肥肝重220～350克，最大达545克。开产日龄150～180天。年产蛋量150枚左右。平均蛋重72～73克（蛋壳有青、白色两种，以青壳占多数）。公母配比1:（7～9）。种蛋受精率90%左右。受精蛋孵化率90%左右。

3. 巢湖鸭

主要产于安徽省中部，巢湖周围的庐江、巢县、肥西、肥东、舒城、无为、和县、含山等县。产区位于江淮分水岭以南、大别山以东、长江北岸的低洼湖沼冲积平原地带，放牧条件良好。本品种具有体质健壮，行动敏捷，抗逆性和觅食性能强等特点。是制作熏鸭和南京板鸭的良好材料。

体型外貌：体型中等大小，体躯长方形，匀称紧凑。公鸭的头和颈上部羽色墨绿，有光泽，前胸和背腰部羽毛褐色，缀有黑色条斑，腹部白色，尾部黑色。喙黄绿色，虹彩褐色，胫、蹼橘红色，爪黑色。母鸭全身羽毛浅褐色，缀黑色细花纹，称浅麻细花；翼部有蓝绿色镜羽；眼上方有白色或浅黄色的眉纹。

生产性能：成年体重，公鸭2.1～2.7千克，母鸭1.9～

2.4 千克。肉用仔鸭，70 日龄重 1.5 千克，90 日龄重 2 千克。屠宰率：全净膛 72.6% ~ 73.4%，半净膛 83% ~ 84.5%。母鸭开产日龄 140 ~ 160 天。年产蛋量 160 ~ 180 枚。平均蛋重 70 克左右（蛋壳白色占 87%，青色占 13%）。公母配比，早春 1 : 25，清明后 1 : 33。种蛋受精率 90% 以上。受精蛋孵化率 89% ~ 94%。利用年限，公鸭 1 年，母鸭 3 ~ 4 年。

4. 大余鸭

产于江西省南部的大余县。分布于赣西南的遂川、崇义、赣县、永新等县和广东省的南雄县。大余古称南安，以大余鸭腌制的南安板鸭，具有皮薄肉嫩、骨脆可嚼、腊味香浓等特点。在我国港澳地区和东南亚地区久负盛名。

体型外貌：喙青色，胫、蹼青黄色，无白色颈圈，翼部有墨绿色镜羽。公鸭头、颈、背部羽毛红褐色，这是该品种羽色不同于其他品种的显著特征，只有少数个体头部有墨绿色羽毛。母鸭全身羽毛褐色，有较大的黑色雀斑，养殖户称为"大粒麻"。

生产性能：成年体重 2 ~ 2.2 千克。仔鸭体重，在放牧条件下，90 日龄重 1.4 ~ 1.5 千克，再经 1 个月的育肥饲养，体重达 1.9 ~ 2 千克，即可屠宰加工板鸭。屠宰率，半净膛公鸭 84.1%、母鸭 84.5%；全净膛公鸭 74.9%，母鸭 75.3%。开产日龄 180 ~ 200 天。年产蛋量 180 ~ 220 枚。平均蛋重 70 克左右（蛋壳白色）。公母配比 1 : 10。种蛋受精率 81% ~ 91%。受精蛋孵化率 90% 以上。

5. 云南鸭

产于云南省的中型地方品种。历史上在云南省作肉蛋兼用品种使用，除西北部分地区外，全省均有饲养。

体型外貌：公鸭头部和颈上部羽毛绿色，带有光泽，颈下部有白色羽圈，胸、背部羽毛深褐色，腹部灰白色，尾羽黑色，镜羽墨绿色。母鸭羽毛分黄麻色和黑麻色两种（黄麻色占多数），少数个体羽毛白色。喙、胫、蹼橘黄色，虹彩红褐色（少部分灰色)。

生产性能:成年公鸭体重 1.8 千克左右,母鸭 1.7 千克左右。仔鸭 70 日龄体重 1.5 千克。当地用于加工腊鸭的肉鸭,日龄约 110 天,体重 1.7~2.0 千克;全净膛屠宰率 77% 左右。母鸭开产日龄 150 天前后,年产蛋量平均 150 枚左右,蛋重约72 克;蛋壳分青色和白色两种。公母配比 1:12,种蛋受精率70%~90%。

6. 桂西鸭

产于广西壮族自治区靖西、德保、那坡等县的兼用型麻鸭。

体型外貌:分为深麻、浅麻和黑背白腹三种羽色,当地群众分别称为"马鸭"、"凤鸭"和"乌鸭"。

生产性能:成年体重 2.4~2.7 千克;在较集约的条件下饲养,仔鸭 70 日龄体重 2.0~2.7 千克。母鸭开产日龄 130~140 天,150 日龄产蛋率可达 50%;年产蛋量 140~150 枚,平均蛋重 86 克左右;蛋壳有白色、青色两种,白壳蛋多于青壳蛋。公母配比 1:(10~20)。

7. 微山鸭

山东省的小型麻鸭品种。主要产区在南四湖(南阳湖、独山湖、昭阳湖、微山湖)及其以北的大运河沿岸,以微山、济宁两地饲养最多。

体型外貌:体型轻小紧凑,颈细长,前躯稍窄,后躯宽厚而丰满。公鸭羽毛头颈部绿色,主、副翼羽黑色,尾羽黑色;母鸭羽毛有青麻和红麻两种,青麻的基本羽色为暗褐色带黑斑,红麻的基本羽色为红褐色带黑斑。

生产性能:成年体重 1.7~1.75 千克,仔鸭 70 日龄的体重1.7 千克左右。母鸭年平均产蛋量 140~150 枚,平均蛋重 80 克(春季蛋较大,约 82 克,秋季蛋约 78 克);青麻鸭产青壳蛋,红麻鸭产白壳蛋;开产日龄 150~160 天。公母配比 1:(25~30),种蛋受精率 90%~95%。

8. 川麻鸭

产于四川省大部分农业地区的小型麻鸭。以种植水稻地区饲养最多。该鸭种体型虽小，但当地饲养都以生产肉用仔鸭为主，采用棚鸭放养的形式，结合农业生产季节的变化，大多分春夏两季集中孵化，然后分群放牧，在水稻田、溪流湖泊边走边放，至秋季青年鸭长大后，除留少数作为后备种鸭外，其余全部屠宰上市。

体型外貌：全身麻雀羽，有深浅之分，以浅麻色为主。

生产性能：成年体重 1.7 ~ 1.8 千克。年产蛋量 150 ~ 160 枚，平均蛋重 70 ~ 72 克。

第四章 肉鸭繁殖与孵化技术

一、自然交配

自然交配是让公母鸭在有水的环境中进行自行交配的配种方法。配种季节一般为每年的 2~6 月，即从初春开始，到夏至结束。大群自然交配时，公母配比因鸭种和季节应有区别。兼用型鸭在早春和深秋季节，公母配比 1:(15~20)，春末至初秋公母配比 1:(20~25)。肉用型鸭和瘤头鸭一年四季，其公母配比都可按 1:(15~20)。自然交配包括以下几种方式：

1. **大群配种**

将公母鸭按一定比例合群饲养，群的大小视种鸭群规模和配种环境的面积而定，一般利用池塘、河湖等水面让鸭嬉戏交配。这种方法能使每只公鸭都有机会与母鸭自由组合交配，受精率较高，尤其是放牧的鸭群受精率更高，适用于繁殖生产群。但需注意，大群配种时，种公鸭的年龄和体质要相似，体质较差和年龄较大的种公鸭，没有竞配能力，不宜作大群配种用。

2. **小群配种**

将每只公鸭与配种的母鸭单间饲养，使每只公鸭与规定的母鸭配种，每个饲养间设水栏，让鸭活动交配。公鸭和母鸭均编上脚号，每只母鸭晚上在固定的产蛋窝产蛋，种蛋记上公鸭和母鸭脚号。这种方法能确知雏鸭的父母，适用于鸭的育种，是种鸭场常用的方法。

3. **同雌异雄轮配**

此法的目的是为了多得到几个配种组合，或使被测定的公鸭获得更准确的数据。其方法是：配种开始后，第一个配种期放第一只公鸭，留足种蛋的前 2 天，将第一只公鸭拿出，空出 1 周不放公鸭（此期间内的种蛋孵出的小鸭，仍是第一只公鸭的后代），于下 1 周放入第二只公鸭（最好在放公鸭前，将第二只公鸭的精液给所配母鸭全部输精一遍），前 5 天的种蛋不用（如进行人工授精，前 3 天的种蛋不用），此后所得的种蛋为第二只公鸭的后代。如需测定第三只公鸭，按上述方法轮配下去。

4. 影响鸭配种性能的因素

（1）配种年龄　鸭配种年龄不易过早，配种年龄过早，不仅对其本身的生长发育有不良影响，而且使母鸭受精率降低。一般肉用型公鸭性成熟较晚，初配年龄以 6 月龄以上为宜。

（2）公母比例　鸭的配种性能因品种类型不同而差异较大。一般适宜的公与母的搭配比例是：兼用型鸭为 1∶（15 ~ 20）；肉用型鸭为 1∶（5 ~ 8）。

（3）配种季节　早春气候寒冷，鸭的性活动受影响，公鸭比例应适当提高 2% 左右（按母鸭数计）。

（4）饲养管理因素　在良好的饲养条件下，特别是放牧中的鸭群，由于能够获得丰富的动物饲料，配种性能增强。因此，公鸭的数量比例可适当减少。

（5）公母合群时间因素　在繁殖季节到来之前，适当提早合群可提高母鸭的受精率。合群初期公鸭的比例可稍高些。因此，在大群配种时，应将公鸭及早放入母鸭群中。

二、人工授精

除了自然交配的繁殖方法外，在鸭的繁殖中人工授精方法也广泛使用。在生产上采用自然交配，瘤头鸭与家鸭的配种比例为 1∶5，而采用人工授精技术，公母配比可达 1∶20，公鸭的利用率提高了 4 倍。受精率也比自然交配高出 1 倍，可以达到 75%

以上。

1. 人工授精器具

（1）围条 竹篾编制而成，一般高 60～70 厘米，长 15～20 米。每个输精小组 2～3 条，用于围挡输精的母鸭。

（2）公鸭笼 用竹篾或木材制作。高 60～70 厘米，宽度与深度各 50～60 厘米（应根据公鸭体型大小调整鸭笼的大小高低）。笼的正面中间装 1 扇门，用于抓鸭放鸭。门的两侧钉直向木条或竹条，两木条间的距离为 5～8 厘米，便于公鸭从笼内伸出头来采食或饮水。

（3）集精杯 目前，我国鸭的人工授精的器具还没有规格化的批量生产，只能借用相似的器具作为集精杯使用。当前在生产上应用较多的有两种：一是 250～500 毫升的白色搪瓷杯，二是宽口、细底、有刻度的玻璃集精杯。

（4）输精器 常用的有两种，一是有刻度的玻璃滴管，二是 1 毫升的玻璃注射器，前端套无毒塑料管，可以随时更换，避免污染。

（5）普通显微镜 通常在肉眼观察精液时，无法确定精液质量的情况下，再用显微镜做进一步检验。

2. 采精

（1）采精前的准备

①隔离公鸭，加强饲养：提前两个月公鸭与母鸭分群，并按照公鸭饲养标准配制饲料。同时，每周增加 30 分钟的光照时间，直至达到每昼夜照 15～16 小时（此后光照时间保持稳定不变）。采精前两周，将公鸭关入笼内，使之适应笼内的生活环境。

②环境进行清洗消毒，垫上干净的垫草。

③消毒采精和输精用的所有器具。

④准备好记录用的表格。

（2）采精方法 目前常用的有按摩采精法和母鸭诱情法两种。

①按摩采精法：此法需对采精公鸭先进行调教训练，直到形成条件反射，能顺利采到精液。在调教阶段需要两人合作。

方法：助手坐在采精人员的前方，将调教的公鸭放在双膝上，用手握住公鸭的双脚，尾部朝外，鸭头夹于左胳膊下。采精人员左手掌心向下，紧贴在公鸭的背部，然后从背部的上端向尾部方向不断按摩，5～10分钟后，再用髂骨部按摩4～5次，接着揉捏公鸭的尾部，同时，右手大拇指和其他四指在泄殖腔环的周围揉捏，直到泄殖腔周围肌肉充血膨胀，再改变按摩手法，用左手大拇指和食指紧贴在泄殖腔上部轻轻挤压，右手大拇指和食指紧贴泄殖腔左右两侧，两手交互有节奏地挤捏，待明显感觉到阴茎勃起并将外突时，用集精杯接住阴茎射出的精液，采精工作结束。经过调教的公鸭，熟练的采精人员可单人操作。

②母鸭诱情法：准备好健康的母瘤头鸭作诱情鸭，并用长绳系在鸭脚上，以防逃跑。采精人员将采精公鸭从鸭笼中放出，当经过隔离的公鸭见到旁边的母鸭时，异常兴奋，会迅速靠近母鸭，啄住母鸭的头颈部，爬跨在母鸭的背上，采精员蹲候在公鸭的右侧，右手持集精杯注视公鸭的尾部，见到公鸭频频摇尾，泄殖腔充血膨大，当泄殖腔努张、尾巴停止摆动并欲向下压时，采精员左手伸向公鸭尾部，轻轻压住泄殖腔的两侧，右手将集精杯迅速移向母鸭尾部，接住公鸭阴茎射出的精液，采精工作即告完成，将公鸭关回笼中。

（3）采精注意事项

①采精前公鸭必须隔离，单独关在笼中，不能放入母鸭群或放到水中活动。

②采精时要避免粪便污染精液，如被粪便等物污染，要弃而不用，千万不可与清洁的精液混合。

③采得的精液不能暴露于强光下，集精瓶要加盖，如遇气温较低的季节，应将集精瓶放置在40℃的环境中保存。

④采得的精液最好在15分钟内用完，新鲜精液的输精效果

最佳。

（4）精液质量检查与稀释

①肉眼观察：主要观察精液的颜色、数量和动态。正常无污染的精液呈乳白色，为不透明的液体（似豆浆状），闻之有特殊的腥味，为优质精液，如精液呈透明的清水样，则精子的密度低；如精液混入血液，则呈粉红色；如精液被粪便污染，则呈黄褐色，有臭味；如精液有尿酸混入，则呈粉白色，棉絮状。总之，凡被污染的精液，会发生凝集或精子变形，不能用于输精。活力高、密度大的精液，呈旋涡状翻滚状态。

②显微镜检查：主要检查精子的活力和密度。

精子的活力是以测定直线前进运动的精子数为依据。如全部精子都是直线前进运动的，则评为 10 分；如直线前进运动的精子只有 7 成，则评为 7 分。分值愈高，说明精子活力高、品质好。检查的具体操作方法是：采精后 20 分钟内，取精液和生理盐水各 1 滴，置于载玻片上，混匀后盖上盖玻片，在 37℃ 温度条件下，用 200 ~ 400 倍的显微镜，观察、计算各种运动状态的精子数。呈直线前进运动的精子，有受精能力；进行圆周运动或摆动的精子，均无受精能力。

精子密度检查有两种方法：一是用血球计数法，二是精子密度估测法。下面只介绍第二种检查方法。精子的密度分为密、中等、稀 3 种级别。密，是指在镜检整个视野内布满精子，中间几乎没有空隙，每毫升精液有 7 亿 ~ 10 亿个精子；中等，是指在整个镜检视野内精子间距离明显，每毫升精液有 4 亿 ~ 6 亿个精子；稀，是指在整个镜检视野内精子间有很大的空隙，每毫升精液有精子 3 亿个以下。

③精液稀释：稀释液能为精子提供能源，增强其生命力和存活时间，所以精液最好稀释后使用。精液经过稀释后，扩大了精液量，可以减少精液输量的误差。鸭精液通常的稀释比例是 1∶1 或 1∶2。效果较好的鸭用精液稀释液为 pH 值 7.1 的果糖—柠

檬酸钾缓冲液和果糖—谷氨酸钠缓冲液。生理盐水也可稀释精液。目前,骡鸭的人工授精在实际操作中都是现采现输,精液不作长时间保存,所以采用生理盐水稀释很方便。稀释比例为1:1,稀释时将生理盐水沿瓶壁缓慢注入,并轻轻摇匀。

3. 输精

输精由1人操作。方法有翻阴道口输精法和不翻肛输精法2种。现将翻阴道口输精的具体操作方法介绍如下。

输精员用左脚轻轻踩住母鸭的颈背部交界处,使受精鸭背部在上,尾部朝右且略向前固定。授精人员用左手拇指贴于鸭腹部泄殖腔的下缘,轻轻向内挤压,其余四指按在泄殖腔的上方,趁母鸭呼吸时借势挤压,迫使泄殖腔向外翻出,暴露出阴道口。右手将吸有精液的输精器从阴道口插进,插深3~4厘米,输精器稍作回缩后,将精液缓慢输入阴道内,同时松开左手,输精到此结束。采用此法输精,部位准确,受精率高,但输精人员必须技术熟练。采用混合精液输精,即每次采4~6只公鸭的精液,将其混合稀释后再输精。第一次输精量0.15~0.20毫升(1:1稀释),需含有1.0亿~1.5亿个活精子。此后由于累加作用,每次输精量可减至0.08~0.12毫升(约含有7000万个精子以上)。输精时间以母鸭产蛋结束后的上午8:00~11:00为宜。输精时间固定后,不要任意改变,以免引起应激。输精次数每3天输1次,即4天中的首、尾两天输。

输精应注意以下几个方面:每次输精后,用脱脂消毒棉擦拭输精器针头,减少疾病横向传播;输精时如遇到阴道口冒泡或精液溢出,应重输;输精人员要保持相对固定。因为每人操作时的手势和力度不同,频繁换人,会引起应激反应,影响受精率和产蛋率;腹部绷紧、泄殖腔干燥收缩的休产鸭,应停止输精。

4. 影响受精率的因素

采用人工授精技术,可取得较高的受精率,而且比较稳定。但有时会产生不太理想的结果,分析其原因,大致有以下几个方面。

（1）精液品质不好　如精液浓度太低，输入的有效活精子数不够；或精子的活力低，死精或畸形精子多；精液被污染后精子死亡。所以，采精和输精的器具必须洁净，并经过消毒，每次采得的精液，都要仔细观察（色泽、浓度、精液量），定期用显微镜进行检查，以保证精液质量可靠。

（2）母鸭的生殖器官有疾病　如输卵管发炎或生理上有缺陷，在这种情况下往往受精率极低。

（3）输精的技术问题　如输精器没有准确插入阴道内，或输精间隔的时间过长，没有在最佳的时间内输精，或精液存放时间过久，或输精量不足等。

（4）恶劣气候的影响　过冷过热的天气，既影响公鸭的精液质量，又影响母鸭的产蛋率和受精率，在这种时候输精，受精率一般较低。

（5）种鸭年龄大、体质衰老　无论种公鸭或种母鸭，第一年身体健壮，性功能健全，精子活力好，母鸭产蛋率高，此阶段内受精率最高，随着年龄的增大，公鸭的射精量减少，精子活力下降，母鸭的产蛋量也下降，受精率也随着降低。

三、种蛋的选择、消毒和贮存

1. 种蛋的收集

初产母鸭集中在凌晨1:00～6:00之间大量产蛋，随着产蛋日龄的延长，产蛋时间往后推迟，产蛋后期的母鸭多数也在上午10:00以前产完蛋。蛋产出后及时收集，既可减少种蛋的破损、也可减少种蛋受污染的程度，这是保持较好的种蛋品质、提高种蛋合格率和孵化率的重要措施。舍饲饲养的种鸭可在舍内设置产蛋箱；随时保持舍内垫料的干燥，特别是产蛋箱内的垫草应保持新鲜、干燥、松软；刚开产的母鸭可通过人为的训练让其在产蛋箱内产蛋；同时应增加检蛋的次数，这是产蛋期种鸭饲养日程中的重要工作环节。

2. 种蛋的选择

种蛋的品质对孵化率和雏鸭的质量有主要的作用，也是孵化场经营成败的关键之一。

（1）种蛋的质量要求

①应注意种蛋的来源：选择那些遗传性能稳定、生产性能优良、繁殖力较高、健康状况良好的鸭群的种蛋。

②要保证种蛋的新鲜：种蛋的贮存时间愈短愈好，以贮存不超过 7 天为宜，3~5 天为最好的保存期。两周以内的种蛋可保持一定孵化率，若超过两周则孵化期推迟，孵化率降低，雏鸭弱雏较多。种蛋的新鲜程度除与保存时间有关外，还与保存的温度、湿度、保存方法等有关。

③种蛋蛋形应呈卵圆形：过长过圆、两头尖等均不宜作种蛋使用，蛋的质量应符合品种要求，过大过小都不好，种蛋过小孵出的雏鸭较小，种蛋过大孵化率低。大型肉鸭种蛋的质量一般为 85~95 克为宜。

④蛋壳表面不应有粪便、泥土等污物：否则，污物中的病原微生物侵入蛋内，引起种蛋变质腐败。或由于污物堵塞气孔，妨碍蛋的气体交换，影响孵化率。同时在孵化过程中污染机器，如果有少许种蛋受到轻度污染，在入孵前先进行必要的处理后方可入孵。

（2）种蛋的选择方法

①感官法：通过看、摸、听、嗅等人为感官来鉴别种蛋的质量，其鉴别速度较快。眼看观察蛋的外观、蛋壳的结构、蛋形是否正常、大小是否适中、表面清洁情况如何等。手触摸蛋壳的光滑或粗糙等，手感蛋的轻重。耳听用两手各拿三个蛋，转动五指使蛋互相轻轻碰撞听其声音。完好无损的蛋其声音脆，有裂纹、破损的蛋可听到破裂声。鼻嗅蛋的气味是否正常，有无特殊气

味等。

②透视法：利用照蛋器通过光线检查蛋壳、气室、蛋黄、蛋白、血斑、肉斑等情况，对种蛋做综合鉴定，是一种准确而简便的方法，如发现蛋白变稀、气室较大、系带松弛、蛋黄膜破裂、蛋壳有裂纹等，均不能作种蛋使用。

3. 种蛋的消毒

蛋产出后，除及时收集种蛋外，应立即进行消毒处理，以杀灭蛋壳表面附着的病原微生物。常用的消毒方法如下。

（1）福尔马林熏蒸消毒法　需用一个密封良好的消毒柜，每立方米的空间30毫升40%的甲醛溶液、15克高锰酸钾，熏蒸20～30分钟，熏蒸时关闭门窗，室内温度保持在25～28℃，相对湿度为75%～80%。熏蒸后迅速打开门窗、通风孔将气体排出。

（2）新洁尔灭消毒法　将种蛋排列在蛋架上，用喷雾器将0.1%的新洁尔灭溶液喷在蛋的表面。消毒液的配制方法：取浓度为5%的原液1份，加50倍水，混合均匀即可配制成0.1%的溶液。注意在使用新洁尔灭溶液消毒时，切忌与肥皂、碘、高锰酸钾和碱并用，以免药液失效。

4. 种蛋的保存

（1）种蛋贮存室的要求　大型的孵化场应有专门的种蛋贮存室。贮存室应该是隔热性能良好而且无窗式的密闭房间。贮存室内还应配备恒温控制的采暖设备以及制冷设备，配备湿度自动控制器。种蛋贮存室与鸭舍之间的距离越远越好，同时应便于清洗和消毒。

（2）适宜的温度和湿度　种蛋保存的理想温度为13～16℃，保存时间不同温度有差异。保存7天以内，温度控制在15℃较适宜；7天以上以11℃为宜。在贮存前，如果种蛋的温度高于保存温度，应逐步降温，使蛋温接近贮存室温度，然后放入贮存室。湿度对种蛋的孵化也会造成影响。湿度过高，蛋表面回潮，种蛋容易发霉变质；湿度过低，蛋内水分大量蒸发，影响孵化效果。贮存室内一般相对湿度控制在75%～80%范围内为宜。

（3）适宜的蛋位　为了使气室保持适当位置，种蛋应以钝端向上。如果每天转蛋，钝端向上保存1周以上的种蛋仍可获得较好的孵化效果。钝端向上可防止胚胎与壳膜的粘连，否则将引起胚胎的早期死亡。保存期较长时，翻蛋的角度以大于90°为宜。

（4）适宜的保存期　保存期越短，对提高孵化率越有利。如果保存期超过3～4周，仍可获得70%～80%的孵化率。种蛋长期保存时，每天翻蛋1次，可延缓孵化率的急剧下降。

5. 种蛋的运输

在种蛋的运输过程中应注意避免日晒雨淋。在夏季运输种蛋时，要有遮阳和防雨设备；冬季运输时注意保暖以防受冻。运输工具要求快速平稳，减少振动，装卸时轻装轻放，严禁强烈振动，防止卵黄膜破裂、系带断裂等现象，运输种蛋的最好工具是飞机、火车、汽车等。种蛋运到后，应立即开箱检查，剔除破损蛋，进行消毒尽快入孵。

四、孵化条件

1. 温度

温度是孵化的首要条件。温度过低，胚胎发育缓慢，严重时会死亡；温度过高，胚胎发育加快，孵化期缩短，雏鸭体弱，也容易死亡。温度超过42℃，经2～3小时后造成胚胎死亡；如温度低于24℃，经30小时，孵化中的胚胎就全部死亡。

胚胎发育的不同阶段，对温度的要求也有所不同。孵化期的温度应"前高、中平、后低"，再结合孵化季节、外界温度、孵化器具以及胚胎本身的发育情况，做到"看胎施温"，灵活掌握。

在我国的广大农村地区，孵化鸭蛋时，大多采用机孵与上摊床相结合的孵化方法。当外界气温在 10～15℃ 时，孵化机内的温度必须严格控制。第 1～6 天温度为 38.6℃，第 7～13 天温度为 38.3℃。第 14 天上摊床。

2. 湿度

孵化期间湿度掌握的原则是"两头高，中间低"。在孵化初期，需要相对湿度大一些，一般第 1 周内的相对湿度控制在 70%～65%。孵化中期，应降低相对湿度，控制在 60%～55%。孵化末期，又要提高相对湿度，最好在开始出雏时把相对湿度提高到 70%，当大批出雏时，再提高到 75%，然后逐渐下降，直至结束。掌握适宜的湿度使初生雏的体重正常，一般为蛋重的 65%～70%。

湿度可在孵化机内挂相对湿度计测定，用增减水盘面积，或通过孵化室地面洒水或直接在蛋面喷洒温水来调节。

3. 通风

为保持胚胎正常的气体代谢，必须供给新鲜空气。孵化机内二氧化碳的最高允许量为 1.5%～2%，超过 2%，胚胎发育迟缓，死亡率增高，出现胚位不正和畸形等现象。一般要求孵化机内的氧气含量不能低于 20%，二氧化碳含量在 0.3%～0.6%。

通风的要领是按胚龄大小，开启通气孔。将孵化全程分成 3 期，前期开 1/4～1/3，中期开 1/3～1/2，后期全开。如分批孵化，孵化机内有两批以上的蛋，而外界气温不是很低，可以全部打开通气孔。

4. 翻蛋

机器孵化有自动或半自动翻蛋系统，可根据需要定时自动翻蛋，一般每昼夜可翻蛋 4～12 次。在整个孵化期中，翻蛋次数前后期可以有变化，开始第 1 周特别重要，其中以第 4～7 天最为重要，可以适当增加翻蛋次数，而在孵化的最后 3 天可以停止翻蛋。翻蛋的角度以 90°～110°效果最好。

5. 晾蛋

鸭蛋的脂肪含量高，孵至第 16～17 天后，常常蛋温上升，对氧气的需要量也增加，必须排除大量余热。因此，孵鸭蛋时，晾蛋更重要。

晾蛋的方法很多，机器孵化鸭蛋时，每天打开机门 2 次，对已经孵化 18～24 天的蛋，连同蛋盘从蛋架上抽出 1/3，进行晾蛋。25 天落盘以后直至出雏，每天也晾蛋 2 次，可以间隔地抽出雏盘。晾蛋时如发觉蛋温过高，达到烫眼皮的程度，应立即将蛋盘（雏盘）拿到机外放冷，也可喷上 40.5℃的温水，直到用眼皮感触蛋身温和时，再送入机内。晾蛋的时间，随季节、室温、胚龄而异，通常为 20～30 分钟。大型电孵机，晾蛋时一般关闭电热源，只开动风扇，让机温自然下降。有的采取机孵和上摊床相结合的方法，通过翻蛋来进行晾蛋。

6. 喷雾

具有晾蛋和加湿的作用，是鸭蛋孵化中后期经常采用的有效措施。因为鸭蛋脂肪较多，孵化后产热量大，蛋表面温度能达到 39℃以上，靠通风晾蛋不能抑制胎儿活动，尤其是出雏前，鸭胚在壳内转身，呼吸代谢加强，产生的热量更多，此时更需要用 35～37℃温水向胚蛋喷雾，以降低蛋温，同时相对湿度也获得增高。

五、人工孵化技术

鸭种蛋的人工孵化又分为民间人工孵化法和机器孵化法两类。我国民间人工孵鸭种蛋已有 2 000 多年的历史，积累了丰富的经验，不同的地区形式不同。如华北地区采用的炕孵法，华东地区采用的缸孵法，华南地区采用的炒谷孵化法等。常采用的孵化方法还有热水孵化、平箱孵化、煤油灯孵化等。各地可因地制宜应用。

　　不论采用哪一种方法，在孵化操作过程中都要严格掌握好孵化所需的温度、湿度、翻蛋、通风、晾蛋等五大条件。在此介绍电孵机孵化管理要点。

　　1. 上蛋

　　鸭种蛋经消毒后即存放在孵化室，预热 12 小时后装机。

　　2. 管理

　　主要观察孵化器、出雏器的温度变化，若不符合要求要及时调节。应认真记录机内的温、湿度。注意机器运转是否正常，要保持温度计纱布的清洁和水管中有水，以准确计算湿度。

　　3. 照蛋

　　整个孵化期通常照蛋 2 ~ 3 次，入孵后鸭蛋于第 7 天进行头照，一般结合翻蛋时进行；二照应结合落盘进行，鸭蛋于入孵后 25 天进行验蛋并落盘。有条件的在鸭蛋入孵第 13 天增加一次照蛋，进行中间抽查。

　　4. 出雏

　　鸭蛋孵化 27 天后即大量出雏。视出雏情况，定时拣出绒毛已干的雏鸭和空蛋壳。不得随便打开机门（特别是大量啄壳后）。出雏结束前，应对出壳困难的实行人工助产，即破开蛋壳，拉出头顶部（拉时切勿用力过猛，以免雏血管破裂，造成大出血而死亡）。孵化正常时，28 天可全部结束出雏。

六、孵化效果的检查

　　在整个孵化过程中要经常检查胚胎发育情况，以便及时发现问题，不断改善种鸭营养和管理条件及改进种蛋孵化条件，从而不断提高孵化率和雏鸭的品质。

　　1. 鸭胚胎发育的检查方法

　　检查方法主要是照蛋，即用照蛋器的灯光，透视胚胎发育情况及蛋内气室大小。

使用照蛋器操作简便，准确可靠，整个孵化过程中约需照蛋3次。

第一次照蛋（又称头照）：在鸭蛋入孵后第 7 天进行，检出无精蛋和死胚蛋。无精蛋没有发育，蛋内透明，有时隐约可见蛋黄浮动暗影。死胚蛋（又称中死蛋）颜色发暗有时还散黄，看不到正常的血管，有血环或灰白色凝块。活胚蛋的胚胎和卵黄囊血管网颜色鲜红，形状似一只静止的蚊子，俗称"蚊虫珠"。

第二次照蛋（又称二照）：在鸭蛋入孵后第 13 天进行。活胎蛋气室增大，边缘界清楚明显，胚体增大，尿囊血管明显，从蛋的背面看，尿囊向蛋的小头合拢包围整个内容物，俗称"合拢"。

第三次照蛋（又称三照）：在鸭蛋入孵后 25 天进行。此时活胚的颈、翅突入气室，气室中翅与喙的黑影闪动。

此外，为了正确掌握孵化条件，特别是孵化温度，还可抽检其他胎龄的胎蛋进行照蛋，以便检查胚胎发育情况，及时进行调整。

2. 鸭种蛋孵化效果分析

为了不断提高孵化效果，生产更多健雏，对每批种蛋的孵化效果都应进行分析。

（1）种蛋受精率太低原因　主要是有受精能力的公鸭太少、公鸭过老、种蛋保存期过长，或贮存条件不好。

（2）胚胎死亡原因判断　可通过照蛋、毛蛋解剖或煮熟毛蛋后剥壳解剖等方法来分析判断。

前期死亡：一般指入孵后 10 天内胚胎的死亡。多数原因是由于种鸭缺乏维生素 A、维生素 D；种蛋贮存时间过久，保存条件差；蛋壳面不清洁，被微生物污染；或由于孵化温度过高等。

中期死亡：指入孵后 11 ~ 16 日龄胚胎的死亡。大部分原因是种蛋污秽未消毒；种鸭饲料中缺乏维生素 D_3；胚胎软骨畸形。在这段时间死亡的胚胎，如有水肿现象，往往是由于种鸭缺乏维

生素 B_2。如有尿囊没有合拢的现象，除发育不良外，常因翻蛋不当而造成。

后期死亡：常指入孵后 17 日龄至出雏胚的死亡。如气室很小，说明相对湿度过高；如胎胚有明显充血的现象，说明有一段时间高温；如发育极衰弱缓慢，是因温度过低造成；如在种蛋啄壳打洞，则是通风不良而引起。

闷死在壳内：出壳时温度、湿度过高，通风不良，胚胎软骨畸形，胎位异常，卵黄囊破裂，颈、腿麻痹软弱等。

掏洞后死亡：雏鸭已啄壳打洞，但未能破壳而致死于壳内。原因多是高温高湿、空气不足。

出壳后死亡：大部分是由于人工助产不当，也有的是自行出壳，但脐带流血，或卵黄未吸收，或意外事故如挤压和被淹等。如死雏鸭腹大，则是因湿度过大而温度过低。

（3）出雏质量情况分析　从出雏质量的情况，大致可以说明孵化期间的问题和种蛋的品质。生产实践中常出现的情况及原因有：

毛短、体瘦小：说明入孵第 16～20 天温度过高；或种鸭饲料营养不全。

毛色老，出壳提前，粘毛带壳：说明温度过高，湿度不足。

瘦小体弱：说明种鸭营养不良、种蛋质量差；或种蛋保存时间过长。

叮脐带线：说明孵化后期过热，湿度不足。

雏鸭站立不稳，身体软弱：说明孵化温度偏低，湿度过高。

出雏提前，时间拖长，壳内有剩余浓蛋白：说明孵化后半期过热。

雏鸭毛色发白，喙、脚色苍白：种鸭缺乏维生素 B_2。

雏鸭眼小或多为盲眼：说明种鸭缺乏维生素 D 或微量元素锰。

出雏太晚或出雏时间极不一致：孵化温度过低，或种蛋的日龄不同。

七、嘌蛋和初生雏的管理

1. 嘌蛋

将快要出壳的胚蛋，运输到另一地方出雏，这个过程称为嘌蛋。嘌蛋是我国人工孵化技术的特色之一。它比运输雏鸭更方便，特别在天气炎热或交通不便的地区，嘌蛋更有实际意义。

嘌蛋的方法是将孵化 20 天以后的鸭蛋，经照验剔除死胚、弱胚后，装在竹箩筐里（江浙一带多用圆形箩，高 18 厘米，直径 60 ~ 64 厘米），四周用报纸糊好，筐底垫一层稻草，每筐放 3 ~ 4 层，上盖棉被保温。路上每 3 ~ 4 小时检查 1 次蛋温，发现蛋温过低或过高，要及时调整。启运日期应根据路程而定，以出雏前能到达目的地为原则。如途中运行需要 4 天，则以孵化第 23 天启运为宜。

嘌蛋途中的管理，根据不同季节而有区别，冬季或早春嘌蛋主要是保温；夏季嘌蛋主要是散热，气温超过 30℃ 时，竹箩筐四周不可糊纸，底下不垫稻草，只垫一层报纸，蛋只放一层或一层半。途中严防曝晒或雨淋，把蛋放在通风阴凉处。

2. 强弱分级

每次孵化，总有一些弱雏和畸形雏，出雏后，要进行严格的挑选分级。畸形雏坚决淘汰，弱雏可单独饲养，绝不可留作种用。

3. 雌雄鉴别

雏鸭的雌雄鉴别有鸣管鉴别和肛门鉴别两种方法，使用最普遍、准确率最高的是肛门鉴别法。

初生的公雏鸭，在肛门口的下方有一长 0.2 ~ 0.3 毫米的小阴茎，状似芝麻，翻开肛门时肉眼可以看到。但有经验的孵坊鉴别师，都不翻肛门，而是采用捏肛法。鉴别时，左手抓鸭，鸭头朝下，腹部朝上，背靠手心，鉴定者右手拇指和食指捏住肛门的两侧，轻轻揉搓，如感觉到肛门内有个像芝麻似的小凸起，上端可以滑动，下端相对固定，这便是阴茎，即可判断为公鸭，如无此小凸起的即是母鸭。

采用捏肛鉴别法时，操作者必须手皮薄、感觉灵敏，方能学会。准确率可以达到99%以上。

第五章　肉鸭饲料配制

一、鸭的营养需要

1. 能量

鸭的一切生理活动所需要的能量都要由饲料提供。碳水化合物、脂肪是能量的主要来源，多余的蛋白质也分解产生能量，但将蛋白质作为鸭的能源是极不经济的。饲料中的能量并不能全部被鸭利用，饲料中的总能量大约需要 5 倍于鸭产品中的能量才能满足鸭的需要。能量不足，鸭生长缓慢，产蛋少，甚至消瘦、停产，还容易发生各种疾病。鸭的能量需要受到许多因素影响，其中体重、产蛋水平和环境温度是主要影响因素。

在低能量饲料或限饲采食饲喂肉鸭时，其饲料转化率将可能大幅度上升。在考虑能量水平时，应根据不同阶段鸭的需要，特别注意饲料内能量与其他各种营养素之间要保持正确的比例。饲料中能量水平提高时，蛋白质和其他营养素的水平也要相应提高；反之，也要相应降低。

2. 蛋白质

蛋白质是鸭体一切组织和各种器官的重要组成成分，同时也是鸭蛋、羽毛等鸭产品的重要组成成分，其作用不能由其他物质所代替。当日粮中蛋白质缺乏时，表现为雏鸭生长缓慢、羽毛生长不良，成年鸭开产期延迟，产蛋率下降，蛋重小，抗病力降低，严重时体重降低，产蛋停止，甚至死亡。蛋白质是由各种不同的氨基酸组成。在众多的氨基酸中，有一部分氨基酸在鸭体内能互相转化，不一定要由饲料直接供应，称为非必需氨基酸。另一部分氨基酸则不能由其他氨基酸产生，或虽能产生但数量很少，不能满足需要，必须由饲料直接提供，称为必需氨基酸。饲料中蛋白质不仅要在数量上满足鸭的需要，而且各种必需氨基酸的比例也应与鸭的需要相符，否则利用效率就差。动物性蛋白质的氨基酸组成就比较合理，其中所含必需氨基酸比较完全，尤其是赖氨酸、蛋氨酸的含量较高；而植物性蛋白质所含必需氨基酸种类少，品质就差些。在鸭的氨基酸需要中，含硫氨基酸是最为限制性的，其次为赖氨酸。因而在日粮中适量添加蛋氨酸、赖氨酸、胱氨酸，能有效地提高饲料蛋白的利用率。

3. 维生素

维生素是家禽维持正常生理机能不可缺少的有机化合物，是维持家禽生命所必需的微量营养成分。鸭体不能合成它们，必须从食物中获得。饲料中缺乏时，会引起相应的维生素缺乏症。发生代谢紊乱，影响正常的生长发育、受精、产蛋和种蛋的孵化，甚至发生各种疾病。严重时可导致鸭死亡。

维生素可大致分为两类：一部分维生素不溶于水而溶于油脂，称为脂溶性维生素，包括维生素 A、维生素 D、维生素 E 和维生素 K；另一部分维生素能溶于水，称为水溶性维生素，主要包括维生素 B_1、维生素 B_2、维生素 B_6、维生素 B_{12}、烟酸、泛酸、叶酸、生物素、胆碱和维生素 C。鸭的机体组织能合成维生素 C，故在一般情况下日粮中不必添加。脂溶性维生素大部分可在体内积贮，水溶性维生素大部分在体内很少积贮。

4. 矿物质

鸭体内还含有数十种矿物质元素，这些元素对鸭的正常生命活动和生长繁殖都是必需的，缺乏时会发生各种疾病。但喂量过多，会引起营养间的不平衡，发生中毒，必须合理搭配。钙、磷、氯等占鸭体重 0.01% 以上的称为常量元素，这些元素在鸭的日粮中的需要量较多。例如，鸭的日粮中钙的需要量雏鸭为 1%，产蛋鸭为 2.5% 以上；日粮中磷的需要量为 0.7% ~

0.75%。在满足钙、磷需要的同时，还要按饲养标准注意钙、磷的正常比例。一般情况下，雏鸭日粮中钙磷比以 1.2：1 为宜，产蛋鸭 4：1 或钙更多一些。产蛋鸭对钙的需要量特别高，足够数量的钙能保证蛋壳优质，因为蛋壳中 90% 以上为碳酸钙。氯化钠通常以食盐的方式供给，鸭的日粮中食盐含量应在 0.4%。食盐缺乏则食欲不良，体重、蛋重减轻，钙的利用率降低，容易出现啄毛癖。

铁、铜、锌、锰、碘、硒、钴等占鸭体重 0.01% 以下，称为微量元素。这些元素在维持鸭的正常生理活动过程中起着重要的作用。在配合饲料中要注意添加，以保证鸭的需要。

5. 水分

水是维持生命和生长所需的极其重要的营养物质。水是鸭体及鸭产品的主要构成成分。水参与鸭生理活动的全过程，鸭体内营养物质的消化、吸收、运输、利用及废物排出，体温调节等都依赖水的作用。鸭如果饮水不足，会导致食欲下降，对饲料的消化率和吸收率降低，肉鸭生长减缓，种鸭产蛋量减少，严重时可引起死亡。

鸭的饮水量因年龄、饲料种类、饲养方式、采食量、产蛋率高低、季节的变化及健康状况而异。一般鸭的饮水量为饲料量的 5 倍左右，夏季会更高。

二、常用饲料原料

鸭常用的饲料有谷实类，糠麸类，块根、块茎和瓜类，糟渣类，青绿饲料，植物性蛋白质饲料，动物性蛋白质饲料以及无机盐类饲料。

谷实类：有玉米、小麦、燕麦、高粱、大麦、碎米、稻谷、小米、土面（次粉）等。如果用高粱喂，一定要粉碎或者用水泡软或者待高粱发芽后再喂。稻谷的外壳很硬，一定要先磨成粉状再饲喂，由于稻谷外壳的纤维含量高，因此要少喂。

糠麸类：有麦麸、玉米糠等。这些饲料含粗纤维都很高，如用麦麸和玉米糠喂肉用鸭，在饲料中的含量都不能超过15%。

块根、块茎和瓜类：有马铃薯、甘薯（地瓜）、胡萝卜、南瓜、甜菜等。它们也都是喂鸭的好饲料。如果利用混合粉料进行圈舍内喂养鸭，在饲料中加了微量元素和多种维生素成分，就不用再加块根、块茎和青绿饲料了。

糟渣类：有酒糟、豆腐渣、啤酒糟、甜菜渣等，都可以用来喂鸭。

青绿饲料：包括各种蔬菜、人工种植的牧草和野生无毒的青草、野菜和水草等。青绿饲料含的营养成分比较全，维生素含量丰富，容易消化，鸭很爱吃，并且青绿饲料来源比较广，成本又低，是喂养鸭的好饲料。

植物性蛋白质饲料：有大豆、蚕豆、豌豆、大豆饼（粕）、花生饼、菜籽饼、葵花籽饼、玉米脐饼等。

动物性蛋白质饲料：有鱼粉、肉骨粉、血粉、羽毛粉、蚕蛹粉、小鱼、小虾、螺蛳、蚯蚓、蛆虫、昆虫等。

无机盐类饲料：有贝壳粉、骨粉、石粉、蛋壳粉、食盐等。沙粒虽然不是饲料，但能帮助圈舍内养的鸭对饲料的消化和吸收，所以应在圈内放沙盆，让鸭随便吃。

三、日粮配合

以北京鸭为例，肉鸭日粮营养成分及含量如表5-1所示。

表 5 - 1　肉鸭日粮营养成分及含量（北京鸭）

养分	雏鸭（0~2）周	生长肥育鸭
代谢能，（焦/千克）	12.98×10^6	12.98×10^6
蛋白质,%	22	16
甲硫胺酸,%	0.47	0.35
甲硫胺酸 + 胱胺酸,%	0.8	0.6
赖氨酸,%	1.2	0.8
精胺酸,%	1.2	1
色胺酸,%	0.23	0.2
钙,%	0.65	0.6
有效磷,%	0.4	0.35
钠,%	0.15	0.14
氯,%	0.13	0.12
镁，（毫克/千克）	600	500
锰，（毫克/千克）	40	35
锌，（毫克/千克）	70	60
硒，（毫克/千克）	0.15	0.15
碘，（毫克/千克）	0.35	0.35
维生素 A，（国际单位/千克）	4 000	3 000
维生素 D，（国际单位/千克）	500	400
维生素 E，（国际单位/千克）	20	5
维生素 K，（毫克/千克）	2	1
核黄素，（毫克/千克）	4	3
泛酸，（毫克/千克）	12	10
烟酸，（毫克/千克）	50	50
维生素 B_{12}，（毫克/千克）	0.01	0.005
胆碱，（毫克/千克）	2 000	1 000
哆醇，（毫克/千克）	3	3

四、饲料配制中的常见问题

肉鸭的饲料应按照饲养标准进行配合，饲粮中的能量、蛋白质、赖氨酸、蛋氨酸、钙、磷等主要营养成分含量必须满足肉鸭的营养需要。

1. 应根据当地不同肉鸭品种的生产水平、健康状况、气候变化、实际饲喂效果以及畜产品市场价格等情况，对饲养标准做适当调整，以达到最佳经济效益。

2. 日粮配方应尽量采用当地资源丰富的饲料，按鸭不同生长阶段对营养需要的要求，配出质优价廉的日粮。

3. 饲粮应符合水禽消化特点。各种饲料原料应合理搭配，使配出的饲料所含营养物质能满足健康、生长及维持生产的需要。

4. 饲料要多样化，注意饲料的适口性。要注意玉米、花生饼粕的发霉情况，切忌使用霉烂变质饲料。

5. 不能一味强调降低成本，禽类有"为能采食"的特点，过度降低日粮营养成分浓度，势必通过增大采食量加以弥补，提高了耗料量，降低了饲料转化效率，综合成本是增加的。应当根据当地条件选择适宜饲料原料，做到既能满足肉鸭的营养需要，又能适当降低饲粮成本。

6. 饲粮配合要相对稳定，若需改变饲粮配方应逐步进行。饲料配方突然变化会影响饲料的适口性，影响肉鸭的消化机能，从而影响正常生长，生产效益降低。

第六章 肉鸭的饲养管理

一、肉鸭的生理和生活习性

鸭是水禽之一，除了具有水禽共有的习性外，还具有其特殊的生理和生活习性。掌握这些规律和习性，对搞好鸭的饲养管理会有很大的帮助。

1. 生长快，代谢旺盛

肉鸭采食多，消化代谢旺盛，生长发育快。如樱桃谷肉鸭49日龄体重可超过3千克，狄高肉鸭56日龄达到3.5千克以上，北京肉鸭56日龄体重超过3千克。

2. 具有补偿生长功能

若肉用商品鸭前期因各种原因致使生长发育稍有不良，而在后期能够补偿过来，从而达到标准体重。这是一个很有经济价值的特点，特别是在节省蛋白质等饲料资源方面有重要作用。

3. 早熟

种母鸭的开产期比很多其他家禽早，如北京鸭在20周龄开始产蛋，樱桃谷鸭和狄高鸭均在26周龄开始产蛋。

4. 繁殖力强

鸭的繁殖力稍低于鸡而大大高于鹅。肉用种母鸭1年可繁殖84~121只鸭。

5. 喜水性强

鸭喜欢戏水、游水、潜水，能在水中觅食，在水面浮游、嬉戏、求偶交配。鸭的饮水量大，因此必须做好鸭的供水工作。鸭不是一定要游水才健康，不一定在水中才能交配繁殖，但水深度不得浅于鸭喙端到鼻孔的距离。鸭也有喜干性，常选择阴凉干爽之处休息和产蛋，喜欢呆在沙面上，有时趴在岸边，头悬垂水上。

6. 合群性好

鸭是胆小的家禽之一，喜欢群体生活，极少单独活动，这就有利于大群饲养，甚至可户外圈养和放养，从而节省建筑费用。在管理上要注意保持环境安静，以免惊扰鸭群而引起应激反应。

7. 消化力强，喜杂食

鸭的嗅觉、味觉已退化，灵敏性差，对食物味道要求不高，选择性不强，食谱广，对粗料、精料，对动物性或植物性饲料都喜欢，且消化力强，代谢快。

8. 耐寒怕热

鸭的皮下脂肪较厚，羽毛保温性能好，而体表没有散热的汗腺等，所以鸭有明显的耐寒怕热性。除最初几天雏鸭要注意保温外，其余阶段的鸭很耐寒，对低温有很强的适应能力，而对高温暑热却很难适应。因此，秋冬初春季节肉鸭生长增重快，蛋种鸭产蛋率高，而炎热夏季则生产效率较低，蛋种鸭逐步换羽停产。

9. 生活有一定的规律

鸭的反应灵敏，容易接受训练和调教，一经形成规律就不易改变。因此，舍内养肉用商品鸭多采用自由采食和饮水制，以满足其采食规律的需要；而种鸭多在早晨和黄昏交配，产蛋多在后半夜至清晨，产蛋高峰在春季，夏季多换羽停产。

10. 感觉器官灵敏性不均

鸭的视觉最灵，对空中飞过的鸟和昆虫、禾草绿叶上的虫类观察很敏锐；听觉也灵，对各种声音反应快；味觉和嗅觉已退化，触觉不灵敏，特别是在睡觉时，对老鼠等的侵害反应迟钝。

11. 无就巢性

快大型鸭经过长期的驯化和选育，基本上已失去就巢抱窝的本能，无孵化能力，因此鸭的产蛋期长，产蛋量高，但须驯化其在产蛋箱中产蛋，利用人工孵化技术和人工育雏技术进行鸭的繁殖生产。

二、雏鸭的饲养管理

雏鸭的饲养管理俗称育雏。快大型肉鸭的 0~3 周龄为育雏阶段，育雏的好坏直接影响到鸭的成活率，育成鸭和生长鸭的生长发育及成禽的生产力和种用价值，与经济效益关系十分密切。

1. 雏鸭的特性

（1）生长发育快　鸭的日龄越小，生长发育越快，雏鸭阶段是鸭一生中相对生长最快的时期，所需营养水平高。所以育雏期日粮营养应比其他阶段日粮丰富而全面，饲料量要足够。

（2）饲料报酬高　雏鸭阶段是饲料利用率最高的阶段，料肉比约为 2:1，以后随日龄的增长，饲料报酬越来越差。

（3）有卵黄囊　刚孵出的雏鸭体内腹部有 1 个卵黄囊，重约 10 克，其生理作用是供给雏鸭 3 日龄内的主要营养物质。健壮雏卵黄囊吸收快，生长发育快，而早开饮开食和适当供温，可促进卵黄囊的吸收。弱雏卵黄囊吸收慢，生长发育迟缓，长大后多为残次鸭，无饲养价值，应予淘汰。

（4）调节温度的机能不完善　刚孵出的雏鸭体温比成年鸭低 2~3℃，对外界温度变化的适应能力差，自身调节机能尚不完善；同时绒毛薄而疏松，皮下脂肪层尚未形成，保温性能差。因此，育雏时须注意供给合适的温度。

（5）胃的容积小，采食量小　雏鸭生长发育快，所需营养较多，消化代谢旺盛，而雏鸭的胃容积很小，又没有明显的嗉囊，每次采食量少，所以雏鸭日粮宜精不宜粗，而且饲喂次数要多，在最初几天应晚上开灯让雏鸭自由采食，自由饮水，到雏鸭逐渐长大后，才慢慢改为自然光照下采食和饮水。

2. 育雏季节的影响

快大型肉用商品鸭一般是全年都可育雏，特别是采取舍饲和集约化饲养时更是如此；而种用雏鸭则通常在 3~5 月份育雏，到秋季开始产蛋，直至第二年 5~6 月份才停产。

（1）春雏　指 3~5 月份孵出的雏鸭。成活率和强健率高，到中鸭阶段，由于气温适宜，舍外活动时间长，体质好，生长增重快。春雏作种鸭的成熟期早，到第二年夏天才换羽停产，产蛋时间长，经济价值高。

（2）夏雏　指 6~8 月份孵出的雏鸭。此时高温高湿，雏鸭食欲差，生长发育受影响，成禽的生产力较低，且防暑降温工作量大。不过，夏雏一般不需供热保温，作为肉用商品鸭时只要适当做好防暑工作，饲养成本不会很高。

（3）秋雏　指 9~10 月份孵出的雏鸭。鸭的体质较春雏弱，而到育成后期自然光照逐渐延长，因而母鸭成熟早，开产早，停产早，产蛋量低，蛋重小，产蛋持续性差，所以秋雏不作种用，多作商品肉用，此时气候暖和，肉鸭增长快，育肥容易。

（4）冬雏　指 11~12 月份孵出的雏鸭。作商品肉用鸭时只要育雏时保温良好，即能生长发育快，增重快，肉用价值高。

虽然饲养肉用商品鸭一年四季均可进行，但不可忽视保温问题和肉鸭上市价格问题，既要照顾到雏鸭的保温、饲料的利用率和生长增重，又要充分考虑当地的风俗民情和消费习惯，预测好上市肉鸭的价格，以选择适当的育雏季节。

3. 育雏方式

根据现有鸭舍的具体情况，可采取多种育雏方式。年轻种鸭的育雏舍结构应比肉用商品鸭的好，而且两者须隔离。具体方式如下。

（1）平面地面育雏　即直接在鸭舍地面上铺厚垫料，如刨花、粗木屑、干禾草、干沙等，在其上育雏，定期清理更换垫料，使之保持清洁干燥。此法简单易行，成本不高，但清洁卫生工作量大，对雏鸭造成应激大，且不易控制疾病，特别是通过粪便污染传播的疾病，育雏效果一般。

（2）平面网上育雏　即在离地面50厘米处用铁丝网、塑料网或竹木条板等铺设成平面，再往网上铺麻袋、编织袋等及垫料，雏鸭育于其上。这种方法一次性投资大，成本高，但易于清洁管理。雏鸭受应激和疾病影响小，育雏效果好。

（3）上述两种方式结合的半地半网育雏　即鸭舍1/3地面铺设离地网面，另外地面不铺网，只铺垫料。饮水全部放置在网上，这样舍内地面保持干燥。注意斜面坡度须小于25°。此法成本适中，且利于清洁工作，效果较理想，所以比较常用。

（4）层叠式或笼式育雏　将鸭舍分隔为若干层或若干层叠的笼，雏鸭育于其中。此法投资大，清洁管理工作繁杂又不方便，不过空间利用率高，保温性能好。

（5）纸箱育雏　利用普通大一点的硬纸箱，将雏鸭养于其中。此法在暖和天气时不用热源供温，可自温育雏，大大降低保温费用，且简单易行，投资小。

因为鸭粪多水潮湿，所以无论采取何种育雏方式，都必须注意给雏鸭提供一个清洁干爽的环境休息。因此，地面垫料须及时清理更换，网面育雏在3～7日龄可将麻袋等垫层逐渐移走。鸭群饲养区域也必须有一个由小到大的逐渐扩大过程，以达到保温和密度都合理。

4. 育雏前的准备工作

育雏前，要对鸭舍进行检修，使育雏舍保温良好，干燥，光亮适度，便于通风换气等。并对所有育雏器具、喂料喂水设施进行检修。同时进行灭蚊、灭鼠等工作。

（1）对育雏舍应彻底进行清洁消毒　消毒方法有喷洒法、熏蒸法、灼烧法等，视具体情况而定。消毒药水须强效广谱，未过期，且不腐蚀舍内设施。消毒后让育雏舍空置1周以上，以便晾干和消除异味。

（2）将所有设备、用具洗净、消毒 小件的可浸于消毒水中（3%克辽林或1%苛性钠等），大件的可用喷洒法。稀释消毒药最好使用温热水，因为，在常温下水温每提高10℃，消毒效果会增加2倍。育雏舍利用熏蒸法消毒时，可将所有洗净的设备、用具放入舍内，关闭门窗，每立方米空间用甲醛溶液15毫升和高锰酸钾7.5克，加少许水混合后，密闭1天以上。

（3）铺垫草垫料 雏鸭进舍前两天，应在舍内地面和网上铺设好干净的垫料和垫层，垫层切忌霉烂、结块和颗粒细小，要求干燥、清洁、柔软、吸水性好，粉尘少，无尖硬杂物。常用的垫料有刨花、粗木屑等，有时也用干禾草、麦秸、干沙、谷壳等。

（4）雏鸭到达前的准备 应在育雏舍内安放好充足的饮水器和浅水盆，并开启热源使室内和饮水温度达到要求。饮水器须在育雏区域内均匀分布，勿太靠近热源，且高度与鸭背平，正好适合鸭群饮用。要保证雏鸭有足够的饮水位置，一般最初几天每100只雏鸭需有1个5升的饮水器，每群中再加放1个浅水盆。水深以1厘米为好。

5. 雏鸭的运输和强弱选择

刚孵出的雏鸭，毛干后应立即从出雏机中提出，进行去劣选优，将残次鸭苗淘汰。雏鸭0～3周龄不作雌雄鉴别。雏鸭出雏后24小时之内应运到目的地，运输时最好选用特制的纸箱装运，要注意适当通风换气，以防雏鸭呼吸困难，甚至闷死。装运时要注意密度，密度太大时雏鸭互相挤压，应激多，死伤多；密度太小时箱内温度低，运输车摇晃时雏鸭到处跌撞滚动，应激大，受伤多。运输途中要注意防寒、防晒、防热、防淋、防颠簸摇摆，以及保持适当的通风换气等。雏鸭运到后，应立即搬进育雏舍，减少外界环境的影响。应将雏鸭进行强弱分群，将弱雏放在室内温度较高的地方养育，进行高水平的饲养管理。

强健雏鸭的标准是：第一，出壳准时，在正常孵化条件下，

28 天出壳，并在 24 小时之内出壳完毕，脱壳速度也快；第二，富有活力，活泼好动，对周围环境反应敏感，眼大有神，绒羽整洁光亮，柔软致密，腿结实，站立行走姿势正直有力，脚胫油亮，富有光泽，肛门周围没有粪便等粘污；第三，卵黄囊收缩良好，脐部正常，无出血痕迹和突出现象，腹部柔软，大小适中；第四，叫声清脆响亮，手握时挣扎有力；第五，体重基本一致，且符合品种标准。

雏鸭强弱分群应在运到后休息片刻再进行，然后分为 400 ~ 1 000只雏为一群进行饲育，群体越小越好，特别是种雏更应如此，须视鸭品种、栏舍设备等具体情况而定。

6. 育雏温度控制

在雏鸭到达前，应预先开启保温设施。预热目的是，使育雏舍及饮水温度在雏鸭到达时接近预定的要求，方便雏鸭开饮和不受冷刺激。

雏鸭的体温比成年鸭低 2 ~ 3℃，皮下脂肪层尚未形成，绒羽薄而疏松，防寒能力差，因而须做好育雏阶段的保温工作。育雏温度的标准应根据雏鸭的日龄、品种、健康状况、具体表现及气候、昼夜等因素而定，如第 1 日龄温度最高，以后逐渐降低；弱雏的保育温度比强健雏要高些等。一般开始时保持较高的育雏温度，以后每天可降低 1℃，直至和环境温度一致，然后脱温。建议育雏保温要求如表6 – 1所示。

表6 – 1　育雏温度推荐表

日龄（天）	1 ~ 3	4 ~ 6	7 ~ 10	11 以后
温度（℃）	28 ~ 30	24 ~ 26	20 ~ 23	余类推

上述推荐的温度仅供参考，应经常仔细观察雏鸭群的动态。它们的行为是对温度要求的最好反应，据此作出相应的调整和决定是最佳的。例如，有的专业户在天气暖和时根本没有启用热

源，约 1 周龄后就搬出舍外圈养，而育雏效果很好。

育雏保温方法很多，基本上有 3 种保温系统。

（1）局部保温伞育雏器 在一张木制或铁制的伞下装一个热源（红外线灯泡等），在最初几天，保温伞和围篱结合使用，开始时围篱区域小，以后慢慢扩大，通常每个保温伞可育雏鸭 400～1 000 只。

（2）温室或全舍保温 即采用供热量大的煤炉、电热器材、热烟道或蒸气管道等热源来提高整个育雏舍的温度，使其达到育雏要求。若采用煤炭燃烧供热时，须十分注意防火、防煤气中毒等，应定期将舍内有害气体排除出去。

（3）自温育雏 即利用雏鸭群自身产生的热能进行保温。方法是将雏鸭放入低矮的小容器内，例如，垫有垫料的木箱、竹筐、纸箱或塑料筐等，上面和四周适当覆盖厚布或棉被，雏鸭在里面采食饮水。

不论采取何种保温方法，都应注意温度的逐渐降低过程和供热成本问题，温度不能大幅度下降或忽冷忽热。测量温度以雏鸭背高水平线为准。

7. 饮水和饲料

雏鸭阶段是鸭一生中相对生长最快的阶段，是整个生长期中很重要的阶段，因此，饮水和饲料显得很重要，也是关键工作之一。

雏鸭运到后，应马上搬入育雏舍，让其稍安静片刻，然后放入保温区域内，设法让其尽快学会饮水。一般做法是，将雏鸭放入 1 厘米深的浅水盆中几分钟，让雏鸭湿脚和饮水，即通常所说的"点水"。雏鸭在出壳后 24 小时内一定要饮到水，以防出现虚脱或脱水现象。水质必须新鲜、清洁，水温接近室温，而且饮水器数量要足够，分布要均匀，高度应同鸭背持平。饮水器数量不够或摆放位置不均匀时，弱雏和部分雏鸭难以饮到水，对生长不利。对不会饮水、呆立的雏鸭，应采取多次"点水"或人工灌服的训练方法，让其学会饮水。随着日龄的增加，雏鸭的饮水量加大，而且嬉水性充分表现出来，这时需逐渐增加饮水器数量，或改用大饮水器和大水盆，水深以从鸭鼻孔到喙端距离为准，并经常清洗饮水用具和换掉脏的饮水，装入新鲜的水。若鸭舍装有自动饮水器，须待1周龄后才逐渐换用，并视鸭的适应情况采取相应措施。如果饮水量突然下降，往往预示着雏鸭群开始发生异常，可能有疾病感染或饲料饮水有问题，须马上调查，找出原因，加以补救。

等全部雏鸭饮到水后，马上将饲料放入育雏区域内，让雏鸭采食。要保证供应完善的营养，尤其是蛋白质、维生素和无机盐等。开食时间主要取决于雏鸭胃肠的发育情况，若开食过早，雏鸭胃肠较软弱，不利于消化器官的健康发育；开食过晚，会大量消耗雏鸭体力，影响其生长发育和成活率。在雏鸭出壳后24～28小时内应让其开食，最迟也不能超过36小时。最初几天可采用浅平的饲料盆，饲料放于其中或直接将饲料撒在干净的编织袋或深颜色塑料布上，也有将饲料拌湿喂几天的，等雏鸭都会采食后，才逐渐换用5升装饲料桶饲喂。对于不懂得吃食的雏鸭，应对其进行训练，采取人工强饲的方法，反复调教，直至其学会吃食为止。雏鸭开食后的最初几天，应采用"少喂多餐"制，即每天喂7～8次不等，每次喂量很少，但须保证雏鸭吃饱，其中晚间应喂2～3次，这时须实行全天光照，只在晚上熄灯半小时左右，让鸭能适应突然停电熄灯的应激。以后让雏鸭自由采食，自由饮水，晚上一般不设人工光照。雏鸭饲料宜用新鲜、清洁、营养全面、颗粒大小适中、适口性好、易于消化的碎粒饲料，一般采用全价的配合小鸭料。也可自行配制，利用当地已有资源或剩饭等制成混合饲料，但必须符合雏鸭饲料要求。饲料应放置在干燥处，均匀分布，料位高度应同鸭背平，这样鸭采食时既方便又不致浪费。

8. 一般管理

雏鸭体质较弱，胃肠容积小，体温调节能力差，抗病力不强，所以须多加小心，要经常观察雏鸭群的情况，尤其是每天早上和夜晚，认真检查鸭群动态，记录好其饮水、采食、体重、健康情况及鸭舍环境、天气变化等。对鸭群异常情况要尽快采取相应措施，完善管理方法。

（1）通风　良好的通风对雏鸭群非常重要，能排除舍内污浊的空气，给雏鸭提供新鲜空气，调节舍内温度和湿度，使雏鸭感到舒适。但是，在育雏最初几天的保温阶段，当外界温度较低时，通风会使舍内温度不好控制，若把门窗紧闭，或在育雏区域周围挂一层塑料布密封，而长时间没能通风换气，则空气中氧气不足，二氧化碳和各种有害气体含量超过限度，以致危害雏鸭健康，使机体抵抗力和各种机能减弱，代谢受阻，长此以往，雏鸭会生长缓慢，饲料报酬低，体弱多病，特别是呼吸道疾病无法控制。因此，在保温育雏时，要像重视保温一样，重视通风，并且需注意通风方法，例如，设一个预热通道让风经过，或将新鲜的空气适当预热后送进舍内等，也可采用动力通风及缩短通风时间等。最简单的办法是，在中午天气较暖和的时候打开部分高处的窗户，利用舍内外温度差进行适当通风。必须注意，不可使舍内温度有明显变化，不能让贼风直接吹到鸭身上。育雏头两天完全可以不通风，空气很适宜。

通风是否适宜，除通过专用仪器测定舍内二氧化碳和氨等气体的含量来判定外，主要是靠人自身进入育雏舍内的感觉如何，如感觉空气良好清新，不刺眼鼻，不觉闷气，则较好；假如雏鸭表现精神不安，行为迟缓，羽毛污秽零乱，食欲不振，发育不良，夹杂有罗音或咳喘等时，说明污浊的环境已严重危害鸭群健康，要赶快改善通风和其他环境条件。

目前绝大多数开放式鸭舍是以调节舍内的温度和湿度为主要标准来进行通风换气的，靠开闭门窗的多少和开闭时间的长短来控制通风。窗户应设在高处，既使风吹不到鸭身，又利于排除较热较轻的废气；也有的安装一定的通风设备，采用动力通风，这样可同时控制好温度和通风。不管怎样，必须提供一个无贼风的通风环境，防止从水沟、缝隙中来的冷贼风，因为贼风和温度波动容易引起雏鸭感冒和生长不良。

（2）密度 密度大小关系到雏鸭的生长发育和健康，直接影响育雏效果。饲养密度应根据育雏舍构造、饲养设备、通风情况、管理水平以及当时的气候等条件来决定。如笼养和网养的密度应比地面平养的大，保温和通风等条件好的密度可大些，饲料营养水平特别是维生素类水平高时密度可大些。通常雏鸭群以 400~1 000 只为宜，地面平养时，第 1 周龄每平方米 20 只左右，第 2 周龄 14 只左右，第 3 周龄以后不应多于 10 只；网面平养和地网结合饲养时密度可大些，最多可多养 1/3。但是不管群体大小和密度如何，都要适时进行雏鸭强弱分群，弱雏单独饲养，精心护理，以减少残次成鸭数量。

（3）湿度 湿度指相对湿度，即空气中水汽的相对含量。育雏时适宜的相对湿度为 56%~70%，这和雏鸭出孵时机器内湿度接近，可避免雏鸭因呼吸干燥空气而散发体内大量水分，影响机体正常功能。虽然常温下各地湿度基本上都在 50%~70% 范围内，但当保温热源开启后，空气被加热，空气中水分就会减少，湿度随之降低，空气变得干燥，这对鸭群是不利的。因此，在最初几天应注意加湿的问题，增加湿度可通过增加饮水器和水盆的数量或适当调整其位置来进行。一般认为，育雏时的相对湿度标准是 1~3 日龄为 80%，以后逐渐降低，但不可低于 40%。

（4）光照 雏鸭开食后，采食量小；采食速度慢。为了保证雏鸭有足够的采食和饮水时间，一般在最初 3 天采用全天 24 小时光照，即晚上增加人工光照，光线强度以雏鸭能看见饲料和饮水为宜。有时故意熄灯半小时，以利于雏鸭适应突然停电的影响。若用红外线灯泡保温时，可不另加照明灯，这需要视光亮具体情况而定。3 日龄后通常不再增加人工光照，只利用自然光照。阳光对雏鸭的生长有很大的作用，可促进雏鸭采食和机体新陈代谢，促使维生素 D 和色素等的形成，维持骨骼的迅速生长，提高生产力。因此，可在雏鸭 3 日龄后，在天气晴朗时将门窗适当打开，或将雏鸭逐渐放出室外进行运动，接受阳光照射，增强体质。

（5）卫生和环境　鸭粪多而潮湿，易腐臭和滋生蚊蝇、微生物，须常清扫，最好冲洗地面，清除积水，勤换地上垫料，减少粉尘和垃圾污染；饮水器和水盆放在适当位置，保持舍内干爽清洁；垫料厚薄均匀，保持地面平整；经常检查饲料和饮水卫生，饮水器和水盆易受粪便污染，鸭喜欢溅水理毛，所以每天须多次清洗，更换清洁饮水；所有饲养工具应酌情清洗，保持清洁卫生；外来的车辆和人员须严格消毒，不能随意走动；执行严格的免疫接种计划；在疫病发生时应带鸭消毒，减少有害微生物的数量。此外，还须进行经常性的灭鼠、灭蚊等工作。

（6）免疫接种　免疫程序和接种疫苗的种类在各地区是不同的，这取决于当地传染性疾病的发生状况。最好由禽病专家进行调查，制定好免疫接种计划并严格执行。疫苗和菌苗等必须在适当的条件下处理和保存，并按说明书使用，有时疫苗生产部门也可提供技术帮助。

（7）适时淘汰　应当适时淘汰健康状况差、生长不良的鸭。而对生长稍微不良的弱雏，应选出分开饲养，精细护理，使其追上生长良好的鸭。通常整个饲养期的淘汰数不应超过 0.5%。若观察到大量的鸭不符合强健鸭的要求，应当仔细检查饲养管理方法，找出原因，采取补救措施。鸭群生长不整齐的问题大都与育雏期的管理和鸭苗质量有关，特别是育雏温度太高或太低都极易使雏鸭生长不均，参差不齐。淘汰残次鸭时要小心轻捉，不要惊扰整个鸭群，不要造成应激反应。残次鸭和病鸭应坚持淘汰处理，因为饲养它们会浪费饲料和药物，增加疾病的威胁性。鸭群的健康成活率不得低于97%。

（8）做好记录和建立饲养管理规程　对于管理良好的鸭场和养鸭专业户来说，记录鸭舍的温度、湿度、饲料消耗、药物应用、群鸭数量、生长增重、疾病发生、死亡淘汰数等很有必要，做好详细的记录可据以了解鸭群的生产性能，改善饲养管理。可通过抽检部分鸭，称量其样本重来测定鸭的生长情况，评价在现有饲养管理水平下鸭的生产性能。

应当建立养鸭管理规程，在预定时间内做好饲养管理工作，如饲喂、换水、铺垫料、清洁卫生等。有一个固定的规程，将会减少工作遗漏和鸭群的应激，使鸭群按生活规律在舒适的环境中生活。大多数管理工作应选择在凉爽的傍晚或清早进行，特别是在炎热季节更应如此。

三、肉用商品中鸭的饲养管理

肉用商品鸭4~5周龄为中鸭阶段。此时鸭体各组织和器官迅速生长发育，胃肠容积增大，消化能力大大增强，代谢加快，绒羽慢慢更换为正羽，骨骼结构基本发育完全，肌肉迅速生长，皮下脂肪日益积累，机体各种功能加强，适应性和抗病力增强。饲养管理上可以粗放一些，应从育雏舍搬出移至肉鸭舍，减少饲养密度，改喂营养水平较低、粒度较粗的中鸭料，随时注意观察鸭群动态，特别是清早，依照鸭的行为采取相应的有效措施。

1. 中鸭饲养方式及准备工作

中鸭可采用地面平养、离地网面平养、平面地网结合及笼养等方式，这在"育雏方式"中已有详细介绍。同时，中鸭也可以户外圈养和放养，或者舍内与运动场结合饲养、陆地与水面结合饲养，这样可大大节省鸭棚建筑费用。户外场地若无天然树木、竹丛遮阳，则一定要搭人工遮阳棚，而且树木、竹丛应有铁网围护，以防鸭群啄食损坏。地面须排水良好，最好是水泥或沙石地等硬表面，地面要平整，倾斜度不得大于25°，陆地跟水面接头处需渐渐倾斜，绝对不允许有陡坡或突然高出水面。陆地跟水面应保持清洁，防止蚊、蝇和致病微生物滋生。

中鸭饲养前的准备工作比育雏前简单，如搞好清洁卫生，彻底消毒，检修遮阳棚和休息所，铺设垫料，预备饮水和饲料等，具体工作可看"育雏前的准备工作"中的有关内容。搬移鸭时宜抓颈部，不宜抓脚，轻拿轻放。盛放鸭的箱笼等物底部要垫软垫料，装的密度要适中，途中要防晒、防颠簸、防剧烈摇晃，行车速度要均匀，并要选择气候凉爽的傍晚或清晨搬运，尽量减少应激。

2. 饲料与饮水

中鸭阶段采取自由采食和自由饮水制，即全天24小时保持供应饲料和饮水，并经常保持饲料和饮水的清洁卫生。中鸭应供给颗粒较粗和营养水平稍低的中鸭料，以方便采食，减少饲料损耗和营养浪费。饲料摆放的高度应同鸭背持平。变换饲料时须有3天的过渡时间，第1天用2/3的雏鸭料和1/3的中鸭料混匀后饲喂，第2天各用一半混匀饲喂，第3天则用1/3的雏鸭料和2/3的中鸭料混匀饲喂，第4天全部用中鸭料。转料时前后两种料需由相对稳定的同样原料配合而成，最好为同一生产厂家所生产。中鸭胃肠容积大，采食量大，中鸭料颗粒较粗，便于中鸭吞咽，采食容易而不挑食。颗粒太细或用粉料饲喂时，中鸭采食少，难吞入，常需洗口洗鼻孔，浪费多。

中鸭饮水多，而且喜欢戏水，溅水理毛，所以需水量大，而且水易弄脏，因此，需适当增加饮水器数量，水要常换，保持新鲜清洁。饮水器和水盆上最好覆盖有铁丝网，阻止鸭进入水中而又不妨碍其饮水和溅水洗理身体。水位高度应同鸭背持平，既方便鸭饮水，又不使饲料随水从鸭口中流出。采用自动饮水器时，要经常注意检查其供水情况，适时修理和更换损坏的饮水器，同时鸭舍应适当放几个水盆，水深以从鸭鼻孔到喙端的距离即可，有利于鸭用来溅水洗鼻理毛，不至于浪费太多的饮用水和弄湿地面。要清除地面的积水，以防鸭饮用，水池水也要保持干净。

这里提到的自由采食和自由饮水，是指全天 24 小时保证鸭舍不断料、不断水，但晚上不一定增加人工光照，自然光照时间已经足够了。

中鸭采食和饮水时，应有适当的间隔距离，以防抢食和生长不均匀。建议标准如下：采食间隔距离每只不少于 10 厘米，饮水间隔距离每只不少于 1.5 厘米。饲料桶和饮水器应均匀分布。

3. 一般管理

（1）密度　中鸭生长发育快，需注意其饲养密度的调整，使其适合肉中鸭的生长需要。通常舍外饲养每平方米面积为 3 ~ 4 只，舍内地养为 4 ~ 6 只，网养为 6 ~ 8 只。中鸭性情好动，爱抢食，在大群饲养时，往往强者采食多，生长快，弱者采食少，生长慢，差异逐渐增大。应及时将弱鸭挑出另养，否则其采食饮水不能满足需要，易被挤压、践踏，以致到肉鸭上市时残次鸭数量增多，影响到经济效益。鸭群不可太大，以 500 ~ 1 000 只为宜，群体越小越好。

（2）通风　舍内饲养时要注意通风，保持舍内空气新鲜，氧气充足。若舍内通风不良，空气污浊，氧气不足，则鸭体新陈代谢障碍，生长发育受到影响；而且污浊的空气刺激鸭的眼、鼻、肺等部位，严重危害健康，甚至给疫病传染创造了条件，所以舍内通风是很重要的。户外饲养的鸭不需要担心通风的问题，但要避免曝晒、骤寒和寒风冷雨的侵害。

要慎防贼风，虽然肉中鸭的防寒能力较强，但贼风对鸭体的强刺激会使鸭呼吸急促，生长不良，能量消耗大。

（3）防暑降温　肉中鸭羽毛较为厚密，皮下脂肪也日益丰满，而皮肤没有汗腺，因此散热能力差而抗寒能力强。在炎热的天气下，应多设置水盆，让鸭多溅水洗身；装设风扇，用动力加强通风散热；直接向鸭身喷水和在舍顶、舍外多设遮阳棚等。

（4）防止啄羽　如果鸭群密度太大，地面垫料潮湿，通风不好，或者饲料营养不全面，特别是含硫氨基酸缺乏，都会引起鸭互相啄羽。这在集约化饲养时尤须注意。啄羽使鸭的羽毛被动脱落，影响屠体的外观，严重时容易使鸭受伤出血，甚至胃肠内脏被啄出而致死。鸭是不断喙的，所以须在饲养管理上下工夫，使其密度适中，地面和垫料保持干燥，舍内通风良好，饲料营养全面等。

（5）卫生与环境　中鸭采食多，饮水多，消化快，粪多且潮湿，易腐臭和滋生蚊蝇，若不经常清扫冲洗，保持干净卫生，会使鸭群应激大，生长发育不良，甚至暴发疾病。因此，鸭粪须常清除，地面常扫，垫料常换，饲养工具也要常洗，保持清洁干净。执行严格的卫生防疫制度和预防接种制度，做好经常性的灭蚊、灭鼠和防兽害等工作，保持环境优良、安静。

其他管理方法与育雏时基本相同，应用时可参看本书有关内容。如做好详细记录、控制好室内湿度、光照等。

四、肉用商品大鸭的饲养管理

肉用商品鸭6周龄至上市期为大鸭阶段，俗称育肥阶段。此阶段肉鸭采食量最多，消化代谢最快，生长增重也快，脂肪沉积多，绝对生长最快，肉的品质得以完善，是决定肉鸭商品价值和养殖效益的重要阶段。

1. 大鸭的饲养方式及准备工作

大鸭的饲养方式与中鸭基本相同，一般中鸭、大鸭同一栏舍饲养，不需另外搬迁。

2. 饲料与饮水

快大型肉用商品大鸭一般采用自由采食和自由饮水制。此期夜晚开灯与否应视鸭的肥育程度而定，一般是夜晚不需照明，只让鸭白天采食、饮水，采食量已能满足育肥需要；若大部分鸭达不到标准体重，或体重轻的弱鸭群，可在夜晚增加人工光照，以增加采食饮水时间，加速育肥。大肉鸭料应比中鸭料颗粒粗，营养水平和原料口味等要求可适当降低。在大鸭阶段应尽快转喂大鸭料，转料过程应有 3 天过渡时间，具体方法同中鸭阶段转换饲料方法。大鸭料的颗粒应完整，无散碎粉状，方便大鸭采食；如果颗粒太细或呈粉状，大鸭采食困难，难吞入，吃得少而浪费多，从口中随水流出的料多。料位高度应适当增加，保持与鸭背持平，以方便鸭采食又不致浪费太多。

大鸭饮水比中鸭多，溅水也多，所以需供给更多的清洁水，提供更多的供水设备。水位高度应同鸭背持平，且供水设备下边的地面应排水良好，以防止积水和潮湿。采用自动饮水设备的应经常检查其工作情况，并加放水盆，供其戏水、溅水。

3. 饲养密度

大鸭个体大，生长发育和增重快，因此，密度应比中鸭小些，饲养面积和圈养范围适当扩大。建议舍外饲养每平方米为 2～3 只，舍内地养为 3～4 只，网养为 4～6 只。若密度过大，鸭群会发生互相啄毛现象和生长增重缓慢。大鸭肥胖，不喜动，腿部负担重，所以鸭群应适当小些，以免互相挤压致残，建议大鸭群以 400～700 只为宜，群体越小越好。

4. 预防发生腿病

肉用快大鸭身体肥胖，体重增加快，而腿部发育跟不上，极易发生腿病，须小心预防。除饲料中钙、磷及其他矿质元素需足够外，在管理上也应小心仔细，尽量不惊扰鸭群，不要踩到鸭，对久卧不起的鸭应适时轻轻轰赶，使其行走，以免腿部和其他部位淤血或瘫软，胸腹部出现挫伤等。舍内舍外地面、运动场、网面等要平整，便于鸭只行走，防止跌伤。另外，要防暑降温，因为鸭会因热而中暑，因热而不想活动，这会增加腿病发生的机会和猝死现象。若发现鸭因炎热高温而中暑，站不起来或昏迷，可将其放于阴凉地面，用风扇吹其身，并喂些解暑药和维生素。

5. 其他管理

大鸭舍的通风、垫料与地面的控制、保持卫生与安静的环境、预防啄羽、防暑降温等工作也要做好，并做好详细记录。要经常检查大鸭的育肥程度，抽样测定评看其是否达到标准体重，对体质弱、体重较轻的鸭要特别护理。育肥好的鸭，胸部丰满，背部宽阔，皮下脂肪层厚，两翅根下肋骨脂肪球大而凸出，尾部丰满，很难触摸到耻骨。

6. 肉鸭上市注意事项

育肥好的鸭应适时上市。抓鸭应抓其颈部，而不宜抓脚。运输时应注意装运密度要适中，行车速度要均匀、平稳，严防剧烈摇晃和紧急刹车，保持适当的通风换气。若运输时间很长，中途应适时供水，让鸭饮用和溅洗。在炎热天气要注意防暑散热，避免曝晒。屠宰前 7 天左右，应按药物使用规定，停喂一切药物。

五、种用育成鸭的饲养管理

肉用种鸭的价值在于其生产性能的高低，种鸭的生产性能主要包括母鸭产蛋量和产蛋质量、种蛋受精率、种蛋孵化率及雏鸭强健情况等。生产性能的高低取决于遗传育种和饲养管理两个基本因素。这里只谈饲养管理对种用育成鸭生产性能的影响。

正确的饲养管理能使种鸭充分发挥其遗传潜力，获得最佳的生产性能，其重要性不可忽视。种鸭育雏和肉用商品鸭育雏在本书都讲述过，详情请参看有关部分。值得提出的是，种鸭的育雏应比肉用商品鸭育雏更要精心仔细些，最好育雏季节在春季，而且其育雏舍应独立隔离，不可混养。本节只谈谈种用育成鸭的饲养管理。

种鸭的育成期是指 4 周龄至开始产蛋这段时间，育成鸭也称后备鸭。育成期种鸭的体重控制是最重要的，当然科学的管理计划也非常重要，使种鸭经常感到非常舒适，不受外界和恶劣条件的影响，尽量减少应激，以发挥最佳的生产性能。

1. 饲养方式

后备种鸭的饲养应当舍内舍外结合，即需设有户外运动场或圈养场地，起码在后备期的后半阶段应让后备种鸭有适当的活动场地。所有地面应平整，保持清洁干燥，舍内地面应是水泥地面、石材地面等硬表面，且不积水；户外场地最好为沙地，排水性能好，并设有遮阳设施如树、竹、人工棚等。可以设水面供鸭游水，但不能有污染和脏臭现象。在陆地与水接头处地面应渐渐倾斜入水，不可有陡坡和突然高出水面的现象，所有地面的坡度应小于25°。

值得注意的是，种鸭育成舍应同肉用商品鸭舍、成年种鸭舍隔离开，并且其结构和设施要相对良好。

2. 准备工作和搬迁工作

后备种鸭进舍前，应对后备舍进行仔细检修，保持舍内不漏雨，无贼风，干燥，光亮适度，便于通风、换气等。运动场和圈养场地须平整，无积水现象，遮阳设施完好，树、竹等要设置铁丝网保护，使其与鸭隔离，以免被鸭损伤。对所有饲喂工具和设备进行彻底检修，同时做好灭鼠等工作。然后对后备舍进行彻底的清洁和消毒。

在后备种鸭入舍前2天，应在舍内地面和网上铺好垫料和垫层，垫料和垫层切忌霉烂结块，要求颗粒适中，干燥、清洁、柔软，吸水性好，粉尘少，无尖硬杂物。然后安放好饲料桶和饮水设施，调整其至恰当的位置和高度。

迁入后备种鸭舍时，捉鸭时应小心，轻拿轻放，最好双手捧鸭身，或者抓其颈部，不宜抓脚，要轻放于笼底，不能甩丢。盛装密度要适中，密度太大或太小都不好，途中要注意通风换气，防晒防震，行车速度要均匀。笼中的鸭捉出时也要轻拿轻放，不要让鸭碰伤，不要把鸭甩丢在地上。搬迁前后最好给鸭各补充1次维生素C和葡萄糖水，以减轻应激反应。同时将不合乎种用要求的鸭淘汰掉，如盲眼、扭头、拐腿等畸形鸭及瘦病鸭等。

也可以在育成舍育雏，先将所需的育雏区域用保温性能好的布材围住，以后随雏鸭的生长逐渐扩大育雏区域。这样，可避免搬迁的应激反应。

3. 饲料和饮水

必须供应清洁、新鲜的饲料和饮水。育成鸭饲料可用中鸭料，也可另行配制，但最好颗粒比小鸭料粗，到后期饲料颗粒同大鸭料一样粗；也有喂粉料的，但鸭对粉料的采食量小，吞咽困难，撒出浪费多。任何转料过程都需有 3 天的过渡时间，不然对鸭的采食、消化功能影响大，应激大。

使育成种鸭达到标准体重是取得好的生产成绩的一个先决条件，而育成期是通过控制鸭的采食量来控制其体重的，即通常所说的限饲。限饲会引起很多问题，诸如应激、抢食等。因此，要制定合适的限饲计划，保持适当的采食和饮水位置和间距，按一定的时间喂料等措施显得非常重要。

育成期种鸭的采食间距每只应不小于 15 厘米，饮水间距每只不少于 2 厘米。除了采食和饮水间距应当足够外，饲料和饮水的分布应当均匀，使每只鸭的采食机会均等。饲料放置的高度应与鸭背持平，而饮水位置也应差不多高或稍高，以能清洁鸭背、方便采食、饮水，又不浪费饲料和饮水，并尽可能使鸭舍保持干燥。

目前，常用的投喂方法有隔天饲喂法和隔一天喂两天法两种。也有喂粉料或粗料而不限时间的，但这种方法不足取。隔天饲喂法是指将鸭两天该采食的总饲料量在 1 天之内投喂完毕，另外 1 天则停喂。隔一天喂两天法是指将鸭 3 天该采食的总饲料量平均分两天投喂完，而第 3 天停料。据统计，隔一天喂两天的方法更符合育成鸭的饲养需要，效果最佳。

限制饲喂应注意以下几点：

第一，育成种鸭的日粮应为营养全面的颗粒饲料，特别是维生素类和必需氨基酸不可缺少，必须由经验丰富的营养专业人员来配制，通常不能只供应单一的粗劣原料，如谷、米、粟等。

第二，隔天饲喂的饲料应在 4~6 小时内吃完，隔一天喂两天的饲料应在 3~5 小时内吃完。若饲料投喂量没变而采食时间发生变化，则需检查原因，是否投喂量过多或过少。

第三，一定要保持适当的饲槽间隔，使每只鸭获得其定量采食饲料的机会均等。育成鸭的饲槽间距每只应该不小于 12 厘米，也可将饲料铺撒到干燥清洁的地面或编织布上。

第四，称量饲料要准确，使配给的饲料量正确无误；要定期抽样称量鸭体重，通常每 1 000 只鸭中抽称 50 只，须随机抽样，称量准确，而且必须在非饲喂日或在饲喂之前称量，即统一用空腹体重衡量。这样可比较客观地评定其体重是否符合品种标准，并适时作出饲喂量的调整。

第五，调整饲喂量，应在准确称量鸭体重，表明鸭群不符合品种体重标准以后再进行。饲喂量增加或减少的幅度应按每 100 只鸭 0.5 千克的比例来掌握，不要超过这个比例。

第六，在母鸭开产前一段时间，需渐渐增加饲喂量，一般是每周增加 2~3 次，每次按每 100 只鸭增加 1 千克；到刚开始产蛋时，须改为每天饲喂，并更大比例地增加饲喂量；至母鸭产蛋量达 5% 左右时，应采取自由采食制，这样既能供给其足够的营养，用于蛋的形成，刺激开始产蛋，又能很好地控制其体重，并且尽量减少应激。

育成种鸭的饮水量比肉用鸭少，因为采食量少。供水情况与肉用商品中鸭相同。若运动场放置有饮水，则一定要保持饮水清洁，并且及时排除溢出的水。如果设置有水池，水池的水应清洁，无病菌污染。

4. 体重控制

育成期最重要的目标是控制育成种鸭的体重，防止其超重和过剩脂肪的沉积，以保持种鸭群处于完善的繁殖体况而有利于受精蛋的生产，获取最佳的生产性能。同时让自由采食的成年种鸭的体重变化很小。

体重控制需通过限制饲喂的手段来实现，而限制饲喂的参考标准只能是依据其体重是否符合品种标准，因此，抽样进行体重测定是很重要的。

称重必须在同一时间进行，而且必须是空腹，因为品种标准表列出的是空腹体重。体重测定应该从第4周龄开始，并且每周定期进行，直到开产。具体抽样称重方法是，先随机抽取所有雌鸭的5%和所有公鸭的5%，分别称量其公、母鸭总重，算出平均数；再将这部分鸭的个体重逐只称出；如果平均数特别高或特别低，则需重称和增加抽样数量到10%，并且再测量其个体重。将公、母鸭体重平均数分别与其品种标准比较，如果相同或很接近，则饲喂量正确；若两者不相同，就要相应改变饲喂量，如体重比标准轻，则需适当增加饲喂量，如体重比标准重，则需适当减少饲喂量。如果样本鸭的体重个体差异大，则要改善饲喂方法，例如增加饲喂设备、改变饲喂时间、避免贼风等，同时将弱残鸭淘汰掉。

个体称重时所使用的秤可以有多种，但以漏斗形弹簧秤为佳。

抽样必须完全随机，使样本具有代表性，绝对不能有意选择鸭来称重。

5. 光照控制

控制体重、限制饲养，应同光照控制结合起来，才是控制种用育成鸭的性成熟和开产期的最完善的方法。三者应相辅相成，小心设计，严格执行。

光照刺激鸭的新陈代谢，影响性成熟和开产期，并影响早期种蛋的受精率和孵化率，在鸭的一生中易出问题的阶段，光照太多或太少都会引起经济损失。如果在育成期光照时间过多，会导致早熟和早开产、蛋小、受精率低等；如果光照时间过短，可导致延迟成熟，产蛋较迟。即使在雏鸭1周龄时，光照也能影响未来的生产性能。

一般在育雏最初两天给予每天23小时的光照，使鸭群有足够的采食时间，则生长整齐、良好，又能适应突然停电的应激。然后光照时间应逐渐缩短，到10日龄左右降到只供给自然光照。从10日龄起，直到母鸭开产前第8周左右，这段时间每天的光照长度应与自然日照长度相一致，即只利用自然光照，不给人工光照。育成期内每天光照时间可维持不变，也可逐渐减少，但不能增加，而且其每天光照时间应在6~12小时范围内。因此，开放式鸭舍应根据出雏日期、当地太阳出没时间规律来制定光照制度。从开产前8周左右起，可在日出前或日落后提供适当的人工光照，每周增加半小时或1小时。应该在产蛋高峰期光照时间达到最长；从开始增加光照时间开始，每天光照时间可保持恒定，也可以逐渐增加，但绝对不能减少，因为在产蛋期间，正常的光照制度被中断或光照时间被减少，将引起产蛋量降低而难以恢复。每天11~12小时以上的光照即会刺激产蛋，但产蛋高峰时每天至少需14小时以上的光照，最好每天光照总量为18小时。人工光照最好设计在早上日出前，因为这样将促进所有母鸭在早上日出前产蛋。

全封闭式鸭舍的光照比开放式鸭舍好控制，可以全部采用人工光照来控制，但其建筑成本和光照费用将增加很多。全封闭式鸭舍与开放式鸭舍两者的光照长度及光照变化规律类似，都采用渐减渐增法或恒定光照法两种光照制度。

（1）渐减渐增法 即在育成阶段要逐渐减少光照时间，产蛋前和产蛋期间逐渐增加光照时间。具体方法是：出雏后最初两天给予每天23小时光照，以后逐渐递减光照时间，到10日龄为15小时左右，以后每周递减半小时，到开产前第8周左右每天光照只有8~9小时，然后逐渐递增光照时间，每周增加半小时至1小时，直到产蛋高峰时每天光照时间达到16~18小时，维持至产蛋结束。

（2）恒定光照法　即在育成期采用固定的光照时间，产蛋前和产蛋后则逐渐递增光照时间。具体方法是：出雏后最初两天给予每天23小时光照，从第3日龄至开产前第8周左右每天固定8~9小时左右光照；然后每周增加光照半小时至1小时，到产蛋高峰时光照达到16~18小时，维持至产蛋结束。

例如，樱桃谷种鸭和狄高种鸭的光照制度见表6-2。

表6-2　光照时间递增表　　（单位：小时）

出雏月份	周龄																
	18	19	20	21	22	23	24	25	26	27	28	29	30	31	32	34	36
3	1/2	—	1/2	—	1/2	—	1/2	—		1/2	—		1/2	—		1/2	—
4	—	1	—	1/2	—	1/2	—	1/2	—		1/2	—		1/2	—	1/2	—
5	1	—	1/2	—	1/2	—	1/2	—		1/2	—		1/2	—		1/2	—

注：18周龄之前一般为自然日照长度，"—"表示不增加；不同纬度的地区应加以适当地调整，我国大部分地区处于北半球，本表是以北半球的日照为基础而制定的；本表只列举了对春雏鸭应采用的光照，对其他月份的种雏鸭应采用的光照可按照本表做相应的调整。

6. 其他管理

（1）密度　一般来说，育成期地面平养每平方米不超过5只，网养不超过10只，半地半网养不超过7只，具体饲养密度需视房舍设计、天气情况、饲料和饮水设备以及通风情况等来决定，而且垫料必须尽可能保持干燥，至少一半以上地面为干燥清洁区。在运动场和户外饲养的种用育成鸭，应保证每平方米不超过1只，而且场地地面应排水良好，有遮阳设施，最好为水泥地面或砂地。

（2）通风　必须保持通风良好，以排除污浊空气，使鸭得到新鲜的空气和足够的氧气，感觉舒适，以维护健康和新陈代谢正常，生长良好且均衡。要避免贼风入侵和使温度突然大幅度变化。

（3）地面及垫料控制　育成种鸭最好采用离地网养或半地半网平养，地面平养时需用水泥地面，且每天保持垫料干燥清洁，大部分地面应干燥，供鸭休息睡眠。良好的通风、排水及饮水器的放置位置等都可帮助保持垫料和地面干燥。运动场最好为沙地，而且有一定的坡度，使多余的水能排除出去，保持场地干燥。地面必须平整，垫料厚薄均匀，最好用抛撒的方式撒铺垫料。种鸭不一定需要游水，但水面对种鸭的防暑散热和提高蛋的受精率有一定的帮助，而且可节省陆地，综合利用水面，因此可充分利用水面饲养种用育成鸭。

（4）喂砂　禽类的共同特点之一是无牙齿，靠肌胃内的砂磨碎食物。因此，从第6周龄开始，应该提供给鸭不溶的、颗粒大小适当的砂砾。砂砾应稍粗但不应长于0.5厘米，用量为每6周每100只鸭加500克，盛于盆中，放在地面上供鸭采食，砂砾不宜与饲料混合饲喂。可溶性的颗粒如贝壳粉、石粉等，只有在产蛋期间，当饲料中的钙、磷不能充分满足生产需要时，才适当饲喂。

（5）公鸭的饲养及选择　在整个育成期，公鸭和母鸭都必须混合饲养。限制饲喂初期，公鸭一般较瘦，但到育成后期如18周龄左右后，随着饲喂量的逐渐增加，公鸭的体重将逐渐增加，到母鸭开始产蛋时，公鸭的体重会达到品种标准。在公母鸭混养时，会因公鸭强壮而抢食较多或行动不如母鸭那么轻便而采食较少，因而引起体重过重或过轻，这时必须迅速查明具体原因，采取措施加以纠正。例如，将体重过轻的公鸭挑出来另养，额外补加连续两次的隔天饲喂或隔一天喂两天的饲料，然后再与鸭群混养；而对体重过重的肥胖公鸭则挑出来减两次料量。此种方法只能在10～20周龄期间使用，而在其他阶段使用时容易出问题。

在限制饲喂开始时，即第4周龄，应将鸭群中一些按比例过剩的公鸭挑出来另养，不留作种用。挑选后的公母比例应为每100只母鸭配22只公鸭，此为第一次公鸭选择。留作种用的公鸭必须是体重、形态、健康状况均符合品种标准的，而将体重过轻或过重，形态不正常，健康状况不良，有变异的公鸭淘汰出种群。

第二次公鸭选择应在母鸭开始产蛋前2~4周进行，再次将种鸭群中公鸭的数量减少，使种鸭群中每100只母鸭配16~18只公鸭。选择标准和方法同第一次。

（6）就巢训练 快大型肉用种鸭经过长期的选育和驯化，已失去就巢的本能，所以在母鸭开始产蛋前，需要很好地教它们练会就巢活动并养成习惯，使母鸭习惯于在巢箱中产蛋，从而减少破蛋脏蛋率和简化集蛋工作。

巢箱主要用来让母鸭在其中产蛋，所以也称产蛋箱，通常6~8个巢箱连成一个整体。巢箱不要太重，在搞清洁卫生时一个人要能够搬动；而且要与外面有一定程度的隔离，使母鸭在产蛋时不受外界干扰；箱底应柔软，保持清洁干燥，使蛋保持完好，不弄脏种蛋。箱下的垫料需常更换，将旧垫料移出铺在鸭舍其他地方，再将新鲜垫料铺入箱下。

每4只母鸭应有1个产蛋巢窝，巢窝必须放置在鸭舍或栏的边上靠墙，不能靠近饮水器（距离1米以上）和湿的区域，也不能放置在鸭通往运动场的路上和门口。

另外，要详细记录好育成鸭的只数、雌雄比例、饲喂量、体重、死亡淘汰数及天气变化等，做好防暑降温、免疫接种、防止啄羽、卫生与环境管理等工作。

六、产蛋种鸭的饲养管理

种鸭经训练后，能适应一定的饲养规程，而且一经形成习惯就不轻易改变。产蛋种鸭更是如此。所以，要严格执行正常的饲养管理规程，如定期饲喂、定期集蛋、合理光照、准时赶鸭运动和就巢等，让种鸭发挥最大的生产潜力。

1. 一般饲养管理

种鸭在开始产蛋前至少 2 周，应从后备舍搬移至产蛋种鸭舍，使种鸭有一个适应新环境及其管理规程的过程，并且由限制饲喂逐渐到增加饲喂，并慢慢转为自由采食。所有的饲料和饮水必须新鲜、清洁，杜绝霉变和脏污现象。

要训练种鸭习惯于将饲喂和饮水活动区域与就巢和产蛋活动区域分开，饲料和饮水位置应离巢箱 10 米以上，或者将鸭棚分为"日区"和"夜区"。所设计的"日区"，设置饲料桶和饮水器，饮水器的下面要设计有排水沟，上面要有铁丝网围住，以防止溢出更多的水，并能将溢出的水排除掉，有一个小的干燥垫料区；"夜区"全部铺有垫料，沿墙壁边缘放置有产蛋巢箱，始终保持干爽清洁。"日区"和"夜区"最好隔离开，只设小门让鸭通过。"日区"可以是在户外运动场、围栏内，也可以是在棚舍内，但面积需符合密度要求；"夜区"应在棚舍内，所有地面应平整，坡度不得大于 25°。每天早上在固定时间（通常为上午 7:00）将鸭从"夜区"赶到"日区"，在黄昏固定时间再将鸭从"日区"赶回"夜区"。经过一段时间的训练后，种鸭会养成习惯，白天在"日区"活动，不留在巢窝；晚上则在"夜区"休息和产蛋。

为了防止鸭啄羽和啄蛋，除保持地面和垫料干燥外，还需注意饲养密度，保持饲料营养的均衡性，同时要尽快集蛋，特别是运动场上的蛋。种鸭每群不能超过 250 只母鸭，每只母鸭至少需供给 0.5 平方米的"夜区"和 1 平方米的"日区"（即运动采食场所）。运动场最好为 40~50 米宽，跟鸭棚一样长。运动场四周的围墙应不低于 2 米，以隔离外来动物的入侵和干扰，棚舍内或运动场内的间墙高应为 0.75 米左右，更高将花费不必要的成本。做好灭蚊、灭鼠等卫生工作，避免狗、猫等动物对鸭的捕食和惊吓，防止产蛋量急剧下降。

另外，舍内应通风良好而无贼风侵袭；夏天做好防暑降温工作，减少热应激；冬季注意防寒，控制好光照，即从增加光照时间开始至产蛋结束这段时间不可减少光照时间；严格执行免疫接种计划，搞好卫生和隔离消毒工作；保持环境安静以及做好各项记录等，以确保种鸭处于完善、舒适的条件下，发挥最佳的生产性能。

2. 种蛋的管理

（1）蛋的生产　各品种鸭都有其特定的开产时间、开产期和产蛋高峰期。开产时间是指鸭刚开始产蛋的时间；开产期是指鸭群产蛋率达到15%的时期；产蛋高峰期是指鸭群产蛋率达到最高水平的时期。樱桃谷种鸭和狄高种鸭通常在26周龄开始产蛋，开产期在第28~30周龄，在第33周龄左右能达到90%的产蛋率高峰。这些指标及总产蛋量多取决于育成期和产蛋期的饲养管理。超重的鸭不仅产蛋量少，而且为维持需要所耗费的饲料较多，生产效率低；体重较轻的鸭开产迟，产蛋量低，蛋重小，经济价值低；不健康的和未执行正确光照制度的种鸭群，将不能达到理想的产蛋高峰，母鸭的遗传潜力和生产潜力发挥不出来，收不到应有的经济效益。

（2）蛋的收集、处理、贮藏和运输　产出的鸭蛋应尽快收集，一般在早上7:00收集第一次，最迟也不能超过8:00，然后在早上8:30进行第二次收集。如果饲喂和光照等管理措施实施得当的话，鸭将在早上7:00以前全部产蛋完毕。如在每天早上7:00将鸭放出到"日区"进行采食和活动，晚上将鸭关在"夜区"不给饲料和饮水，设计好光照制度，人工光照计划时数应在早上日出前供完，这样在早上7:00前至少95%的蛋应该产出，可大大减少在"日区"产的蛋数。

在鸭放出到"日区"之后，一些迟产蛋的鸭会返回巢箱产蛋，这些蛋须在早上8:00半左右收集。如果鸭放出到"日区"

后产的蛋数超过当天总蛋数的5%，特别是产在"日区"和"夜区"地面的蛋过多，应仔细检查光照计划、饲喂计划和棚舍小环境，采取有效措施加以改善。经常记录好这些蛋数及发生率，将有助于饲养管理方法的完善。

蛋壳表面应当小心刷干净，注意不能损伤蛋壳表面，然后整件拿出鸭棚，进行熏蒸消毒。对特别脏的蛋、畸形蛋和从地面、运动场收集的脏蛋、破蛋，则必须与清洁蛋隔离开，这些蛋通常不用来孵化。

用作孵化的清洁蛋在刷干净和熏蒸之后，还应立即进行浸蛋消毒。浸蛋常采用在43.3℃的氯碱溶液或百毒杀及其他常规消毒溶液中浸3分钟的办法，这一切处理须在集蛋之后的2小时内做完。浸蛋时间不能超过20分钟。当蛋充分干燥后，将其放于凉爽的房间内贮存。贮蛋房应是绝缘良好、无窗的建筑物，具有恒温的调温设备和自动调湿设备。每天应该用最高、最低温度计和湿度计测量贮蛋房的温度和相对湿度并记录好。控制目标是14~15℃的温度和75%~80%的相对湿度。贮存期间应4天之内转蛋1次，减少蛋内相互粘连的机会。种蛋贮存超过3天而未到15天时拿出入孵最好，其他时间的蛋入孵效果不一定好。

种蛋必须在温度变化最小的情况下运输。在没有控温设备时，种蛋仅能短途运输。孵化场应设在远离家禽或家畜的地方，分开单独管理，不让无关人员接近。

(3) 落地蛋的处理　落地蛋是指那些产在巢箱外地面上的蛋，有产在舍内地面的，也有产在户外运动场的。除非很清洁，落地蛋一般不用来孵化，因为它们易腐臭，比清洁的巢箱蛋孵化率低，而且是疾病的传染源。落地蛋应与巢箱蛋分别保存。

如果落地蛋的数量占当天总产蛋量的百分比超过表6-3所列的标准，或孵化时破裂腐臭蛋超过0.04%，或者其他腐臭蛋超过0.2%，必须认真检查原因，采取恰当的补救措施。

表6-3　产蛋期落地蛋所占百分率最大值表

产蛋周	1	2	3	4	5	5以后
落地蛋（%）	10.0	7.5	5.0	2.5	2.0	少于2.0

注：在炎热的夏天，落地蛋数量会相对增多，本表百分数可稍提高。

要减少落地蛋数量，必须注意以下几点：

①要尽早地把产蛋巢箱安置好，并训练母鸭养成良好的就巢习惯。

②应当为每4只母鸭提供1个产蛋巢箱。

③巢箱内的垫料应柔软、干燥、清洁、厚薄适中。

④巢箱的位置不要随便移动。

⑤严格执行科学的光照制度。

⑥控制好后备期母鸭的体重。

⑦巢箱蛋的收集时间要合理。

⑧对落地蛋要尽快收集。

⑨鸭产蛋时，不能有外界因素如噪声、强光、贼风、鼠兽等的干扰。

3. 种公鸭的饲养管理

经过后备期的限制饲喂，公鸭的体重得到适当控制。到育成后期，鸭群饲喂量将迅速增加，到母鸭产蛋时鸭群将改为自由采食。如果这个过程开始的时间太早，则公鸭的体重将超重，这对种蛋的受精率将产生一定的负面影响。通常将限制饲喂改为自由采食是在母鸭已经产了最初几个蛋以后，在被断定的开产期（即鸭群产蛋率达到15%时）前两周时（此时鸭群产蛋率为5%）开始实行。这样可以防止公鸭体重超重而又不会妨碍母鸭开始产蛋。

在刚开始产蛋时，每100只母鸭配18只公鸭是必要的，这对保持种蛋良好的受精率很重要，但不要超过20只公鸭，因为公鸭的生活力强，过多的公鸭或新增进的公鸭会扰乱鸭群的秩序，需要立即剔除过剩的公鸭。如果全部公鸭是健康和精力旺盛的，每100只母鸭配16只公鸭就足够了。

在管理良好的种鸭群中，蛋的受精率应超过入孵蛋的90%，孵化率应超过入孵蛋的80%。在种鸭群中实行人工授精技术也是可行的，但目前种鸭场还很少实行。采用人工授精后可大大减少公鸭的饲养量，减少鸭群中的追逐应激，节省饲料成本。

4. 巢箱和垫料的管理

产蛋巢箱必须数量配足，质量良好，方便母鸭出入，在产蛋时可避免外界的干扰。每4只母鸭应有1个，其内的垫料必须柔软、清洁、干燥，比其他地方的垫料好，使鸭感到巢箱内最舒适，只喜欢在巢箱里产蛋。若见巢箱里有粪便和破蛋等脏物，应立即除去。巢箱内的垫料最好是刨花，其次是谷壳，木屑和干稻草最好不用，每周至少更换两次，将旧垫料取出铺在鸭舍其他地面，再将最新鲜、柔软的垫料铺进巢箱。下雨天若鸭在户外活动多而易弄湿地面和垫料时，则需天天更换全部巢箱垫料。垫料必须防霉，不宜采用花生壳及已经霉变的垫料。地面上的垫料也必须经常保持干燥、清洁、柔软，若其变脏变湿，不仅影响种鸭的产蛋性能，而且会影响巢箱卫生，从而影响蛋的清洁和孵化结果。垫料潮湿不洁还会引起腿病和寄生虫病，从而影响公、母鸭交配及受精率，导致其他疾病流行。

保持巢箱和垫料情况良好还需注意做好以下几点：①通风必须良好，以排除产蛋棚内的湿气；②饮水器必须放置在排水良好的地方，如设有排水沟的区域或运动场，使溢出的水及时排除而不会弄湿弄脏地面及垫料；③在炎热季节喷水降温时，不要喷到巢箱区域，而且不能弄湿地面及垫料；④湿的、硬的、差的垫料必须加以更换，或者用新鲜、干燥、柔软的垫料覆盖。

5. 喂砂补钙

像后备种鸭一样，要给种鸭提供不溶性的、颗粒适中的砂砾，使鸭的消化功能加强。这些砂砾应装在单独的盆或槽中，供鸭任意采食。如果鸭舍设有沙地运动场，鸭能在运动场上采食到足够的砂砾，可不必补喂。

当饲料中的钙、磷满足不了产蛋生产需要时，必须供给鸭群可溶性的钙磷剂，如贝壳粉、磷酸氢钙粉、石粉等，颗粒应稍粗，使鸭不致采食太多，而供其慢慢消化吸收利用。在鸭产蛋高峰期或饲料粗劣时，尤应特别注意。

6. 淘汰病次鸭

鸭群中无生产力的或有病的鸭，应该尽快地予以淘汰，以免浪费饲料或使疾病蔓延。母鸭每个月的淘汰和死亡总数不应超过全部鸭数的1%，超过此标准时，要彻底检查饲养管理方法和免疫程序等。公鸭的淘汰，则着眼于维持合理的公母鸭比例。

7. 人工强制换羽

母鸭开产后，在达到理想的产蛋高峰后逐渐回落，直到产蛋结束，历时8~9个月，为第一个产蛋年。到夏季天气炎热时，鸭群由于受热应激的影响，食欲减退，新陈代谢减慢，加上其他因素，产蛋量明显下降，很多母鸭出现换羽停产。

自然换羽需4个月左右的时间，换羽期间产蛋率很低，甚至不产蛋，蛋小，品质不良，受精率低，换羽不一致，换羽后再次产蛋参差不齐。为了使鸭群在秋季能尽早恢复产蛋，缩短休产期，常采用人工强制换羽的方法。

人工强制换羽只需要两个月左右的时间，换羽一致，换羽后产蛋整齐，蛋的品质好，受精率高，能再次达到较高的产蛋高峰。第二个产蛋年的产蛋率要比第一年低，蛋重会明显增加，而经人工强制换羽后，能适当提高产蛋率。

人工强制换羽主要是通过对水、饲料与光照时间的控制，使鸭的生活条件和习惯突然改变，营养供应不济而实现的。当鸭群产蛋率下降至30%以下、蛋形变小甚至有畸形蛋、受精率降低时，即可进行人工强制换羽。

实行人工强制换羽的鸭群必须是健康的，第一年的产蛋成绩良好。如果鸭群的健康状况差或第一年的产蛋成绩差，则不要进行人工强制换羽，让其自然换羽，以免引起鸭大量死亡和耗费不必要的人力。

人工强制换羽一般经过下列 3 个步骤：

（1）关养　将鸭关在鸭棚内，停止供应饲料 3～5 天，以后实行限饲；或者开始时逐步减少饲料喂量，到 6～8 天时停料 3～5 天，同时限制饮水供给量，取消人工光照，只采取自然光照，每天光照时间八九个小时。由于生活条件、习惯及营养突然改变，鸭的体质变弱，体脂迅速消耗，鸭的体重急剧下降，产蛋量下降至零，前胸和背部羽毛相继脱落，主翼羽、副翼羽和主尾羽的羽根透明干涸而中空，拔之易脱落而无出血。

（2）拔羽　当第一步实现后，即可进行人工拔羽。拔羽应在晴朗的清晨进行，以减少应激。具体操作是，用左手抓住鸭的两翼，然后用右手由内向外侧，沿着羽尖的方向，用猛力瞬间拔出，先拔主翼羽，再拔副翼羽，后拔主尾羽。强制换羽时要将公、母鸭分开，以免公鸭伤害母鸭；公、母鸭要同时拔羽，拔羽后立即供给充足的饮水和适量的饲料，补充多种维生素。

（3）恢复　拔羽后鸭的体质较弱，体重减轻，消化机能降低。此时必须加强饲养管理，饲喂量要逐渐增加，经 10 天左右后采取每天饲喂，同时光照时间要逐渐延长。经过精心饲养，一般在拔羽后 25～30 天新羽可以长齐，35～45 天会恢复产蛋，此时须采取任意采食法。

人工换羽前后，鸭群体质瘦弱，抵抗力下降，容易发生疾病，应特别注意饲养管理和卫生防疫工作，须每天更换垫料，保持舍内清洁、干爽、安静。正常情况下，此期间的死亡率约为 3%。

第七章 肉鸭疾病综合防治措施

一、鸭病的综合防治措施

疾病的发生是一个复杂的过程，受多种因素的影响，如传染病的发生和流行是由3个环节，即传染源、传播途径和易感动物相互联系而组成的。因此，鸭病的防疫工作原则就是：采取适当的措施消除或切断这3个环节之间的相互联系和相互作用；坚持"预防为主，防治结合"的方针，并抓好"养、防、检、治"的综合性措施。综合性防疫措施又可分为平时的预防措施和发生疾病时的扑灭措施两个方面。

1. 平时的预防措施

第一，加强饲养管理，搞好卫生消毒工作，增强鸭体的抗病能力。

第二，定期进行预防接种。

第三，定期杀虫、灭鼠，妥善处理粪便及死亡鸭尸体。

第四，防止与野生水禽直接或间接接触，经常及时了解邻近的禽场疾病情况，做好检疫工作。

第五，防止蛋传播性疾病。这有两种情况：一是病原体在蛋壳和壳膜形成前感染卵巢滤泡；二是鸭蛋在产出时或产下后因周围环境卫生差而污染蛋壳。

2. 发生疾病时的扑灭措施

第一，及时发现疫情，并进行实验室确诊。

第二，迅速隔离有病禽群，禁止无关人员进入，并进行必要的场地消毒。

第三，停止向病群引进或出售活鸭，确诊后再根据具体情况处理。

第四，妥善处理已死亡的及需要淘汰的病鸭。

第五，病鸭的栏舍及全部设备，应严格清洁和消毒，并空置一段时间，避免新进入的鸭群发生同样的疫病。

第六，进行紧急疫苗接种。对病鸭进行合理的治疗，对患慢性传染病的鸭宜尽早淘汰。

二、建立严格的清洁及消毒制度

1. 常用的清洁、消毒方法

（1）物理清洁法　清扫、洗刷是鸭场最常用的清洁方法，通过对饲养场地及饲养用具的清扫和洗刷，可使污染环境的大部分病原体被清除，从而达到净化鸭群生存空间的作用。但机械性清除不能达到彻底消毒的目的，还必须配合其他的消毒方法。紫外线对各种病原体都有很好的杀灭作用，一般病毒和细菌经阳光曝晒几小时即可被杀死，所以经常把鸭舍内的用具如料盘、饮水器皿等放到阳光下曝晒消毒。铺垫用的稻壳、沙土在铺垫前要么经过熏蒸，要么经过阳光暴晒。通风可以降低舍内有害气体的含量，还可以减少舍内病原体的数量，因此，必须注意鸭舍的适时通风。

（2）化学消毒法　化学消毒法是许多鸭场的主要消毒方式。消毒的效果如何，取决于消毒剂种类、药液浓度、作用时间、病原体的抵抗力和所处环境，因此在选择消毒剂时，要根据消毒剂的作用特点，选用对该病原体杀灭力强、毒性小、易溶于水，在消毒的环境中比较稳定且价廉易得和使用方便的化学消毒剂。

常用的化学药物消毒方式有：

①清洗擦拭消毒：先用扫帚清扫灰尘，再用水清洗污物，并用消毒剂擦拭干净。此方法一般用于器械消毒。

②熏蒸消毒：用福尔马林和高锰酸钾或直接加热福尔马林的方法进行消毒，经常用于密闭空间内的消毒。

③喷洒消毒：用配制好的消毒液对鸭舍环境、设备、道路进行喷洒消毒。

④浸泡消毒：把一些小型的用具放在容器内，用配制好的消毒液浸泡，可以对蛋盘、工具等进行消毒。

经常使用的消毒剂：

①福尔马林：福尔马林是40%的甲醛溶液，能与水以任意比例混合。甲醛气体对细菌、芽孢、真菌和病毒均有强大的杀灭作用。甲醛气体蒸发快，穿透力弱，对内部消毒效果差，一般不用于垫料消毒。常用10%～20%的水溶液进行喷雾或浸泡消毒。在对密闭鸭舍及其内部器具进行熏蒸消毒时，室温不应低于15℃，湿度要在60%以上，消毒时间为8～10小时。

②熟石灰：由生石灰加水制成。配制成10%～20%的石灰乳，涂刷鸭舍墙壁，喷洒路面。也经常铺撒于鸭场、鸭舍入口处，对过往车辆、行人起到消毒作用。

③火碱（又名烧碱、苛性钠、氢氧化钠）：对细菌、芽孢、病毒都有强大的杀灭作用，对寄生虫卵也有较强的杀灭作用。应用时配制热火碱溶液消毒，常用1%～3%的溶液消毒禽舍、周围环境和污染场地等。本品具有很强的腐蚀性，对机体组织有烧灼作用，对金属制品有腐蚀破坏作用，使用时要特别注意人员、畜禽和物品的安全。

④过氧乙酸：市售商品一般浓度为15%～20%。过氧乙酸经常用于浸泡、喷雾、熏蒸消毒。0.05%～0.2%的溶液用于塑料、玻璃器皿、橡胶制品的短时间浸泡消毒。0.5%的溶液用于鸭舍、设施的喷雾消毒。0.3%的溶液可用来带鸭喷雾消毒。对鸭舍进行熏蒸消毒时，要求温度在15℃以上，湿度在60%～80%。每立方米空间用药1～3毫升，加水5倍，加热熏蒸1～3小时。本品易挥发分解，应现用现配，对金属制品与棉毛织物等

有腐蚀性,对皮肤、黏膜有一定的刺激性,使用时要慎重。

⑤百毒杀:双链季铵盐消毒剂,为无色、无臭、无刺激性和无腐蚀性的溶液。对人员和畜禽无毒无害,具有广谱、速效及长效性。在低室温、低浓度的情况下,也能杀灭各种病毒、细菌和真菌等病原微生物。可供饮水消毒、喷雾消毒、洗刷浸泡消毒。

(3) 生物消毒法　主要用来处理鸭场的各种废弃物,如粪便、垫料、鸭尸体等,将其运到达离鸭舍1千米以外的地方密封堆积,利用微生物产热,达到杀死病毒、细菌、寄生虫卵的目的。

2. 正确的消毒方法

消毒是净化养殖环境、预防控制疫病的常用措施。包括生产前的消毒、生产过程中的消毒和生产后的消毒。消毒时要注意以下几个方面:

(1) 消毒药物的选择　消毒药物的选择要根据消毒的目的、对象、疫病流行趋势,选择高效、广谱、经济、副作用小的药物。要注意消毒药物的有效成分和含量、生产日期、使用方法。目前常用的有以下几类:含氯类副作用小、温度越高杀菌力越强,多作饮水消毒;季胺盐类,对革兰氏阳性菌有较强的杀灭作用,多作棚舍、设备的消毒;甲醛对细菌、病毒均有效,但作用缓慢,有腐蚀性,多作棚舍的消毒。

(2) 空鸭舍的消毒　鸭全部出栏后,用消毒药按从内到外,从上到下全面喷雾消毒一次,然后把料槽、饮水设备等拆卸,再清除舍内、外粪便与垫料等污物,用高压水枪冲洗棚舍、墙壁、地面及舍外墙壁、道路,待室内干燥后,用2%～3%氢氧化钠水溶液喷洒舍内所有非金属物品和空间,舍外道路、墙壁、门窗等,雾滴不宜过大。对设备、用具先用水冲洗,然后用消毒药浸泡,最后在阳光下曝晒后移入舍内,做简单安装备用。

空舍一段时间,鸭入舍前2～3天用甲醛或甲醛与高锰酸钾熏蒸消毒,封闭门窗,24小时后打开门窗,通风24小时后使用。

（3）生产过程中的消毒　首先，要建立健全消毒制度，强化消毒意识。鸭舍的入口设消毒池或采取其他消毒措施，饲养人员要固定，外来无关人员、物品禁止入内。其次，要搞好定期消毒，舍外可用2%～3%氢氧化钠每周作两次消毒，舍内每周做1次带鸭喷雾消毒，发生疫病时可增加带鸭消毒次数或做饮水消毒。

（4）带鸭喷雾消毒　带鸭喷雾消毒不但能杀灭鸭只体表和空气中的病原微生物，还能净化空气，对控制疫病具有重要意义。带鸭消毒要选用刺激性小的药物（如百毒杀、碘制剂），时间一般选择在傍晚，光线较暗时，喷雾时喷头向上，雾粒直径0.08～0.12毫米。喷雾量按15毫升/立方米，两种以上消毒药交替使用，可提高消毒效果，在发生呼吸道病或免疫前后两天不做消毒。

（5）病死鸭和粪污的处理　病死鸭和粪污的处理不当可引起病原微生物扩散，成为新的传播媒介，因此，病死动物和粪污的科学处理是消毒的另一种形式，对病死动物必须焚烧、深埋，非重大疫病死亡的鸭尸体须做高温处理后利用，不得买卖；对粪污要堆积发酵，以杀灭病原微生物。

三、合理用药

1. 尽快确诊
鸭群发病以后，发现越早，确诊越早，损失越小。

（1）平时注意本地区鸭病的发生和流行动态。

（2）全面掌握本场鸭群的健康情况、饲料和饮水消耗量，发现异常要尽快分析原因，采取措施。

（3）对刚刚死亡的和濒死期的鸭子进行病理剖检，要多选样几只鸭子，有利于确诊。如果不能确诊，应立即送往兽医检验部门，请兽医技术人员帮助确诊。在剖检和送检病鸭时，一定要注意消毒，防止将病原人为扩散。

2. **正确选择药物**

（1）采购前，必须先审查医药标签和说明书，如外包装标签是否有兽用标志、兽药名称、主要成分、适应症、用法与用量、含量规格、包装规格、批准文号，生产日期、生产批号、有效期、贮藏条件、生产企业信息等；说明书要重点审查不良反应、注意事项、停药期等内容。若兽药名称只有商品名而无通用名、主要成分不标示、含量规格含糊不清的、批准文号过期的（批准文号有效期5年）、有效期已过的兽药，绝对不能采购。

（2）禁止使用违禁药物。目前，我国规定禁用的药物有近70种。分为兴奋剂类、性激素类、蛋白同化激素、精神药品类、氯霉素、硝基呋喃类、抗生素滤渣等。农业部第193号公告规定了21种食用动物禁用的兽药及其化合物清单；农业部、卫生部、国家药品监督管理局第176号公告公示了禁止在饲料和动物饮水中使用的40种药品和物质；农业部第560号公告中又增加了6个禁用品种作为193号公告的补充。农业部还规定喹乙醇禁用于家禽、鱼类和体重35千克以上生猪。此外《兽药管理条例》还规定：禁止将人用药用于动物，禁止使用假、劣兽药，禁止将原料药直接添加到饲料和动物饮水中或直接饲喂动物。

（3）详细了解药物的性能，仔细辨别主要成分，避免重复用药，以节约开支和避免可能发生的药物中毒现象。

（4）尽量选用高效、廉价、易得、不良反应小的药物。有针对性的、疗效好的药物不一定就是进口药或价格高的药物，要根据具体情况因病施治。

（5）如果可能的话，可以做药敏试验，选择疗效最好的药物。

3. **正确使用兽药**

（1）使用合理剂量 剂量并不是越大效果越好，很多药物大剂量使用，不仅造成药物残留，而且会发生畜禽中毒。在实际生产中，首次使用抗菌药可适当加大剂量。

（2）饮水给药要考虑药物的溶解度和动物的饮水量　确保畜禽吃到足够剂量的药物。拌入饲料服用的药物，必须搅拌均匀，防止鸭子采食药物的剂量不一致。如药物搅拌不均匀，会造成吃很多的畜禽可能发生中毒，而吃得少的起不到治疗效果。

（3）肌内注射药物，要注意药物的黏稠度　黏度大的药物，抽取的药液应适当超过规定的剂量，而且注射的速度要慢一些。

（4）药物连续使用时间，必须达到一个疗程以上　不可使用1~2次就停药或急于更换药物品种，因很多药物需使用一个疗程后才显示出疗效。

（5）注意停药期　凡停药期长的药物，毒副作用大的药物（如磺胺类）等要严格控制剂量，并严格执行停药期。

（6）使用抗生素时，能单不联，这样可以有效降低用药成本，防止病原微生物产生抗药性。联合用药时，各药物间不能有配伍禁忌，否则容易降低药效。

（7）选择最适当的给药方法　对鸭子来说，饮水给药是最便捷的方法。缺点是药物必须是水溶的，起效比注射要慢，对已经不思饮食的鸭子治疗效果差。饮水给药前根据季节与病情停止供水两小时左右，加入药物时用逐步稀释法，类似于配置饲料时的逐级放大法：先将药物稀释在桶中，再将桶中的水倒入水箱中，搅拌均匀。水箱中的水量要保证所有鸭子都能接受足够量的药物。对于不溶或难溶于水的药物，要混合到饲料中给药。先将药物均匀混合到粉状料中，再加入少量水，使粉状料的附着力强一些，然后与饲料均匀混合。注射给药时，应注意消毒，勤换针头，要先注射病情较微的鸭子，后注射病情严重的鸭子。

四、合理免疫

免疫接种包括预防接种和紧急接种。预防接种是在健康鸭群中还没有发生传染病之前，为了预防某些传染病的发生，有计划地使用疫苗对健康鸭群进行预防免疫接种。预防接种通常使用病毒疫苗或细菌菌苗等生物制剂作为抗原激发机体免疫。接种方法常为皮下或肌内注射。接种后经过一段时间可获得免疫力。为做好预防接种工作，应对当地鸭子的各种传染病的发生和流行情况进行详细的调查了解，根据所掌握的情况，拟订预防接种计划。

紧急免疫是在发生传染病时，为了迅速控制和扑灭疾病流行，对鸭群进行临时的应急性免疫接种。实践证明，对鸭瘟、禽霍乱等传染病使用疫苗，进行紧急接种是切实可行的，对扑灭传染病有重要的作用。紧急接种除应用疫苗外，还可以使用高免血清或卵黄抗体进行被动免疫，而且立即生效，能迅速控制疫病的流行。

免疫接种注意事项：

1. 只有在当地有疫病流行时，才有必要进行相应疾病的预防接种。

2. 使用前，应了解疫苗的生产日期、失效期、贮运方法及时间，特别注意是否有因高温、日晒、冰结、长霉、过期等各种因素造成失效。凡玻璃瓶有裂纹，瓶塞松动以及制品色泽、物理性状等与说明书不一致的不得使用。疫苗配制前后和使用中避免阳光直射和接近热源，并在规定的时间内用完，超过规定时间的疫苗不能使用。

3. 对需要特殊稀释液的疫苗，应用指定的稀释液，而其他的疫苗一般可用生理盐水。稀释液应是清凉的，这在天气炎热时尤其应注意。稀释液的用量在计算和量取时均应细心和准确。稀释过程应避光、避风尘和无菌操作。稀释过程中一般应分级进行，对疫苗瓶一般应用稀释液冲洗 2 ~ 3 次。

4. 接受疫苗接种的鸭子必须是健康的，患病的和营养缺乏的鸭子不能进行疫苗接种，否则会加重接种反应，而且会影响免疫力的形成。

5. 免疫当天不要进行饮水消毒和带鸭消毒。免疫前后 2 ~ 3 天内不要给鸭群投服抗生素，以防影响免疫效果。

6. 减少应激反应。在免疫接种的过程中，尽量减少对鸭群的惊扰和外界的各种应激，如温度变化、噪声等。接种疫苗时，鸭群不能处于恶劣环境下，包括环境污秽、通风不良、寒冷、酷热等。为减少应激反应，还可在疫苗接种前后 3 ~ 5 天内，在饮水或饲料中添加电解多维、维生素 C 等抗应激药物。

7. 防止人为传播疾病。在免疫接种时，应根据鸭的健康状况分开免疫。先免疫健康鸭，后免疫健康状况不佳的鸭，防止免疫时人为造成疾病传播。对患病严重的家禽不宜进行疫苗接种。免疫接种时应注意接种器械的消毒，注射器、针头、滴管等在使用前应彻底清洗和消毒。接种工作结束后，应把接触过活毒疫苗的器具及剩余的疫苗浸入消毒液中，以防散毒。

8. 接种期间要注意观察鸭群的反应，有异常情况时应立即停止接种，查找原因，及时处理。

9. 液体疫苗使用前应充分摇匀，注射时每隔几分钟充分振摇一次。冻干疫苗加稀释液后，也应充分振摇，全部溶解后，方可使用，注射时每隔几分钟充分振摇一次，以免影响效力或发生不安全事故。

10. 做好免疫接种的详细记录，记录内容至少应包括：接种日期，鸭群日龄、数量，所用疫苗的名称、厂家、生产批号、有效期、使用方法及操作人员等，以备日后查看。

第八章 肉鸭常见疾病防治

一、肉鸭常见的病毒性疾病

1. 鸭瘟

鸭瘟又名病毒性肠炎,是鸭、鹅、天鹅等常患的一种急性、高致死性病毒病。其特征是病毒引起血管损伤,导致组织出血,体腔溢血,消化道黏膜有出血、坏死病变,淋巴器官受损,以及实质器官的退行性变化。

【病原】本病病原是疱疹病毒科的鸭瘟病毒,常存在于病鸭的血液、组织器官、分泌物及排泄物中。

鸭瘟病毒不凝集红细胞。不同的病毒株毒力不同,但具有相同的免疫学特性。

本病毒加热至56℃时,10分钟后被杀死;在22℃下,氯化钙干燥处理病毒9天可灭活;对乙醚和氯仿敏感。

【流行病学】在自然条件下,本病主要感染鸭,不同性别、品种的鸭都有易感性。一般以成年鸭发病和死亡较严重,1个月以内的雏鸭发病较少。

鸭瘟的传播途径主要是消化道传染,也可通过呼吸道、眼结膜和交配传染。

【临床症状与病变】家鸭的潜伏期为3~7天。病初通常表现为突然出现、持续存在的全群高死亡率。成年鸭死亡时肉质丰满,成年公鸭死亡时伴有阴茎脱垂。在死亡高峰期,产蛋鸭群的产蛋率下降25%~40%。2~7月龄的商品雏鸭患病时呈现脱水,体重下降,蓝喙,肛门常常有血染。

病鸭表现为畏光，眼半闭，眼睑粘连，食欲减少或停止，渴欲增加，行动困难，严重时卧地不起，驱赶时双翅扑地而行。病鸭发生下痢，排出绿色或白色稀粪，泄殖腔黏膜充血、出血、水肿，严重时黏膜外翻，黏膜外有黄绿色的假膜，不易剥离。部分病鸭头颈肿胀，俗称"大头瘟"。

病后期体温下降，精神高度衰竭，不久即死亡。急性病程一般为 2~5 天，慢的可延续 1 周以上。少数不死的转为慢性，表现为消瘦，生长发育不良，其特征为角膜混浊，严重的形成溃疡，多为一侧。

鸭瘟的病变特点是血管受损，胃肠道黏膜表面特定部位的疹性病变，淋巴器官病变和实质器官的退行性变化。

心肌、肠系膜和浆膜、肝、胰、肺、肾脏表面都有淤血点，肝脏早期感染时有出血斑点，后期出现大小不等的灰黄色的坏死点，常见坏死灶中间有小点状出血，或其外围有环状出血带。这些变化具有诊断意义。成熟产蛋母鸭的卵泡变形、褪色、出血，肠道和前胃腔内常充满血液，食道—前胃括约肌出现环状充血，在口腔、咽喉周围有坏死假膜覆盖，剥离后可见出血点和溃疡病灶，食道黏膜有纵向排列的黄色假膜覆盖，剥离后出现大小不一的红色溃疡病灶，这些是鸭瘟的特征性病变。

【诊断】本病根据流行病学、临床症状和病理变化特征，进行综合分析，可以作出诊断。但在新发病地区还需进行病毒分离鉴定或中和试验，才能确诊。诊断时，应与鸭霍乱进行鉴别。

【防治】本病无特效药物可供治疗。对于本病的防治主要从预防着手。首先，避免从疫区引进鸭苗、种鸭及种蛋。其次，禁止健康鸭在疫区水域或野禽出没的水域放牧。保持环境卫生，严格执行消毒制度。

免疫接种是一种有效的预防措施，给鸭肌注鸡胚化鸭瘟弱毒疫苗每只 0.5~1 毫升，1 周内可产生较强的免疫力，并可保持半年以上。

发生本病时，应对整个鸭群进行检查、封锁和隔离。对病情严重的，应立即进行淘汰，集中以高温处理或深埋，对可疑鸭群或受威胁鸭群，则进行鸭瘟弱毒苗紧急接种。对污染的场地及用具，用 10% 石灰水或 2% 氢氧化钠或其他消毒水进行彻底消毒，防止病原扩散。

2. 鸭病毒性肝炎

鸭病毒性肝炎是雏鸭的一种高度致死性、传播迅速的病毒性疾病。其特点是病鸭日龄小、发病急、传播快、死亡率高。临床表现角弓反张，病理变化为肝炎。本病常给鸭场造成重大的经济损失。

【病原】 本病的病原是属小核糖核酸病毒科，肠道病毒属的鸭肝炎病毒。有 3 种血清型，即 Ⅰ 型、Ⅱ 型、Ⅲ 型，目前在我国主要流行的是血清 Ⅰ 型。

本病毒对氯仿、乙醚、胰蛋白酶和强酸环境（pH 值 3.0）均有抵抗力，具有一定的热稳定性，加热至 62℃，30 分钟才被灭活。在自然环境中长期存活。

【流行病学】 在自然暴发时，Ⅰ 型鸭肝炎仅发生于 5 周龄内小鸭，尤其是 1~3 周龄的雏鸭多有发生。成年的种鸭，即使在污染的环境中也无临床症状，并且不影响其产蛋率。

本病可通过消化道和呼吸道感染。一年四季均可发生，但一般冬春季节更易发生。

【临床症状与病变】 Ⅰ 型病毒的潜伏期为 1~2 天。雏鸭初发病时，精神萎靡，缩颈，翅下垂，行动呆滞或跟不上群，常蹲下，眼半闭，厌食。进一步病鸭身体侧卧，两腿痉挛性后踢，头向后背（背脖），有时在地上旋转，出现抽搐后，有的十几分钟即死亡，有的持续几小时后才死亡。喙端和爪尖淤血呈暗紫色，少数病鸭死前排黄白色或绿色稀粪。

在本病严重暴发时，雏鸭的死亡速度惊人。

肉眼可见主要病变在肝脏，肝肿大，质脆，色暗淡或发黄，在肝表面有大小不等的出血斑点。胆囊肿胀呈长卵圆形，充满胆汁，胆汁呈褐色、淡茶色或淡绿色。有时脾脏肿大，呈斑驳状。许多病例肾脏肿大，且常充血。

【诊断】 根据发病急、发病鸭日龄小、传播迅速、病程短、死亡率高以及角弓反张和肝脏出血等特点，进行初诊。

进一步的确诊，可进行病毒的分离与鉴定。

将具有感染性的肝悬液或血液接种于 8 ~ 10 日龄鸡胚尿囊腔，可以分离到病毒，接种后 5 ~ 8 天死亡的胚胎表现为皮肤出血、水肿、侏儒症，肝脏肿大变绿并有坏死灶。在随后的传代中，产生特征病变的胚胎数量进一步增多。

此外，用已知抗病毒阳性血清或已知病毒给鸡胚、鸭胚做中和试验，可鉴定待检病毒或待检血清。

【防控】 本病无特效治疗药物。

自繁自养，严格的防疫和消毒制度是预防本病的积极措施。对于易发季节和好发地区，防治本病必须依靠疫苗的免疫接种。

目前，我国许多鸭场采用种鸭不免疫，雏鸭在出壳后 1 ~ 3 日龄皮下或肌内接种鸭肝炎鸡胚化弱毒疫苗的方法控制本病，可收到较好的效果。

对于已发病的雏鸭，可采取紧急注射高免血清或高免蛋黄液，可降低死亡率。

二、肉鸭常见的细菌性疾病

1. 鸭霍乱

鸭霍乱又称鸭巴氏杆菌病或鸭出血性败血症，是一种急性败血性传染病。临诊上一般分为急性型和慢性型。其中以发病率和死亡率高的急性型危害性较大。

【病原】 鸭霍乱的病原是多杀性巴氏杆菌。革兰氏染色阳性，菌体呈卵圆形或球杆菌状。用姬姆萨氏、瑞氏或美蓝染色，菌体两端着色深，呈明显的两极染色，但经人工培养基继代后很快消失。

本菌为需氧兼性厌氧。本病菌的抵抗力不强，在直射阳光和干燥条件下很快死亡。3%石炭酸、0.1%升汞、1%漂白粉、5%~10%石灰乳1分钟、56℃ 5分钟可将该菌杀死，但在粪便中可存活1个月以上，在腐败尸体中，可生存1~3个月之久。

【流行病学】 本病对各种家禽都有感染性，但鸭的易感性很高，且多呈急性经过，鸭群中发病多呈流行性。各种日龄的鸭均可发病，但有地区差异。

本病的流行无明显的季节性，但以夏末秋初时或气候多变的早春季节发病较多，潮湿地区易于发生。

【临床症状和病变】 本病潜伏期为12小时至3天。按病程长短可分为最急性、急性和慢性3种类型。

最急性型：常见于流行初期，无明显可见的症状，常在吃食或吃食后，突然倒地，迅速死亡，这种最急性型病例常是鸭霍乱在鸭群中暴发流行的先兆，养鸭者必须给予高度的重视。

急性型：病鸭精神委顿，不愿下水，行动缓慢，常落于鸭群的后面，或独蹲一隅。羽毛松乱，食欲减少或废绝，口渴，嗉囊内积食或积液，将病鸭倒提时，有大量恶污液体从口和鼻流出。呼吸困难。为排出积在喉头的黏液，病鸭常摇头，所以有"摇头瘟"之称。病鸭排出腥臭的白色或铜绿色的稀粪，少数病鸭粪中混有血液，还有些病鸭两脚瘫痪，不能行走，常在1~3天内死亡。

慢性型：常见于流行后期，多为急性型转变而来。病鸭常表现为消瘦，一侧或两侧局部关节肿胀，发热疼痛，行走困难，呈现跛行或完全不能行走。

最急性型病例一般无明显肉眼可见病变。

急性病例则常有特征性的肉眼可见病变：皮下组织出血，心外膜、心冠沟脂肪组织有出血斑点，心包液增多。肝肿大，质地变脆，棕黄色，表面分布较均匀如针头大小的灰白色坏死点。脾稍大。十二指肠和大肠黏膜充血和出血，最严重时伴有轻度卡他性炎症，小肠后段和盲肠较轻。肺淤血、水肿和出血。呼吸道黏膜充血或出血及有卡他性炎症。

慢性病例除上述病变外，多呈关节炎，关节肿胀，关节囊增厚，关节面粗糙，内含有暗红色黏稠液体或有干酪样物。肝脏发生脂肪变性和坏死灶。

【诊断】根据流行病学、临床症状和病理剖检变化，可作出初步诊断；用细菌和生物学试验可进一步确诊。

取心血、肝组织印片，经姬姆萨氏或瑞氏染色后，镜检发现两极着色的小杆菌。必要时，可接种小白鼠和进行生物试验确诊。

在临床诊断时，鸭霍乱应与鸭瘟进行区别。鸭瘟除了有一般的出血性特征外，常在食道、泄殖腔黏膜上有典型的坏死变化，且细菌培养为阴性。

【防控】应加强鸭群的饲养管理，发现鸭群患霍乱后，应进行封锁、隔离、消毒和治疗工作。

磺胺类药物和抗生素对鸭霍乱均有良好的预防和治疗效果。但在使用药物治疗时，一定要保证足够药量和坚持疗程。

磺胺嘧啶、磺胺甲基嘧啶、磺胺二甲嘧啶、磺胺异噁唑按0.4%～0.5%混于饲料中，磺胺二甲氧嘧啶、磺胺喹恶啉按0.05%～0.1%混于饲料中喂服，或用0.05%～1%的土霉素混于饲料或饮水中，连用3～4天。

也可用喹乙醇，按每千克体重30毫克剂量拌于饲料中喂服，每天1次，连用3～5天，即可获得良好的疗效。

目前使用的禽霍乱疫苗，适用于2月龄以上的鸭群，免疫期为3～6个月。此外，用本场分离的细菌做成自场菌苗，也可用于预防本病。

2. 鸭疫巴氏杆菌病

鸭疫巴氏杆菌病又称传染性浆膜炎，是小鸭的一种急性或慢性败血性疾病。主要临床表现为眼鼻分泌物增多，眼眶湿润并形成"眼圈"，黄绿色下痢，运动失调，头颈发抖和昏睡。病理特点为纤维素性心包炎、纤维素性肝周炎和气囊炎、脑膜炎和关节炎。

【病原】本病的病原体是鸭疫巴氏杆菌，据报道有12种血清型，但国内只有1种血清型的报道。鸭疫巴氏杆菌为革兰氏阴性菌，病料涂片和细菌初代分离，经瑞氏染色呈两极浓染，在普通培养基上不生长，但在巧克力培养基上生长旺盛。

【流行病学】1~8周龄的鸭易自然感染，而以2~4周龄的小鸭最易感。发病率与死亡率差异较大，死亡率为5%~7%不等，与饲养条件密切相关。

一年四季均可发生，但以低温、阴雨季节的发病率和死亡率最高。本病主要经呼吸道或经皮肤感染。由于育雏室温度过高或过低，湿度过高，饲养密度过大，垫料潮湿、污秽、尖利，饲料中粗蛋白质含量低，缺乏维生素和微量元素，长途运输，淋雨及环境卫生不良，并发病等，均易造成本病的发生和传播。

【临床症状与病变】潜伏期为1~3天，有时也可长达7~8天。最急性病例往往见不到明显症状就突然死亡。

急性病例主要表现为昏睡、腿软、不愿走动、缩颈或以喙触地、不食或减食、咳嗽、打喷嚏、眼和鼻孔有浆液性或黏液性分泌物，并常使眼睛周围的羽毛黏结而形成眼镜框样的湿圈，俗称为"眼圈"，时间稍长，还可见眼眶周围羽毛脱落。病鸭粪便稀薄，呈绿色。濒死前出现神经症状，全身发抖，头颈震颤，倒向一侧，伸腿呈角弓反张，最后痉挛而死。

慢性经过的病例，主要表现精神沉郁，腿软，痉挛性点头运动或摇头摆尾，有时可见病鸭头颈歪斜，但安静时还可吃食、饮水。某些慢性病例能长期存活，但生长不良，发育迟缓。有些慢性病例呈现呼吸困难，最后消瘦而死，还有的病鸭患关节炎，多伏卧，不愿走动。

鸭的最具特征性的病变是全身浆膜表面的纤维素性渗出物，以心包膜、肝脏表面、气囊为主。渗出物可部分机化或干酪化，形成纤维素性心包炎、肝周炎、气囊炎。脾多肿大呈斑驳状，表面也常有纤维素性渗出物。

临床上有神经症状的病鸭，通常会出现脑膜炎，且脑室内有大量的渗出物，有时可见鼻窦内有黏液脓性渗出物，输卵管内有干酪样渗出物，某些慢性病例中，还可见关节炎等。

【诊断】 根据流行病学、临床症状及剖检变化，可作出初步诊断；进一步确诊应作细菌学检查。

采取病死鸭脑及心血，接种于巧克力培养基上，并于蜡烛钵内或能产生二氧化碳的特殊培养箱内进行培养，在细菌培养的同时接种于麦康凯培养基上，则鸭疫巴氏杆菌在麦康凯培养基上不生长，而肠道杆菌在其上生成红色菌落。

如果用阳性血清作玻片凝集，或用特异性荧光抗体进行染色，则能进一步鉴定与鉴别。

【防控】 预防本病要改善育雏卫生条件，保持通风干燥，防寒，地面育雏要勤换垫草，用具、料槽、饮水器要保持清洁，定期洗刷干净，勤消毒。饲养密度要合适。

多种抗菌药物对本病都有一定疗效，但易形成耐药性。因此，进行药物治疗前，最好先进行药敏试验。目前，较常用的药物为土霉素（0.04%混料）、利高霉素、庆大霉素等。

免疫接种是控制本病更有效的措施，国内外都有疫苗研制的报道，福尔马林灭活苗经皮下接种1周龄雏鸭，可获得86.7%的保护率。氢氧化铝胶苗经皮下接种1周龄雏鸭1毫升，也可较好地保护度过易感周龄。油乳佐剂灭活苗经皮下接种8日龄雏鸭1毫升，在免疫后1周，保护率可达100%。此外，国内还研制了鸭疫巴氏杆菌与大肠杆菌的二联苗，可同时预防两种疾病。

3. 鸭大肠杆菌病

鸭大肠杆菌病又名鸭大肠杆菌败血症，是由大肠杆菌引起的一种非接触性传染病。它的特征是发生败血症，纤维素性渗出物或肿瘤样病灶。本病多发生于鸡、火鸡、鸭和鹅。

【病原】本病的病原是大肠埃希氏菌，俗称大肠杆菌。本菌为革兰氏染色阴性、不形成芽孢、不形成荚膜的短杆菌，许多菌能运动，有鞭毛。

大肠杆菌类型很多，且对治疗药物易产生耐药性或抗药性，在外界环境中广泛存在，有一定抵抗力，可存活数日或数周。一般常用消毒药可以杀死。

【流行病学】各品种和年龄的鸭都可感染，但发病率和死亡率不高。卫生条件差、潮湿、饲养密度过大、通风不良的鸭场常有发病。发病季节多以秋末和冬春为主。本病主要通过消化道和呼吸道感染。人工感染是经皮肤创伤而感染鸭的，并可引起败血症。

【临床症状与病变】本病常突然发生，死亡率较高，其临床表现为沉郁，不好动，食欲减少或不食，嗜眠，眼鼻常有分泌物。有时可见下痢。雏鸭表现为衰弱、闭眼、腹部膨大、下痢，常因败血而死亡。成年鸭表现喜卧，不好动，站立或行走时可见腹部膨大和下垂，呈企鹅状，触诊腹腔有液体。

本病的病变特征是浆膜渗出性炎症，主要表现在心包膜、肝脏和气囊表面有纤维素性渗出物，呈浅黄绿色、松软湿性、凝乳状或网状，厚度不等，不形成层状。肝脏肿大呈青铜色或胆汁色，脾肿大发黑且呈斑纹状。剖解腹腔时常有腐败气味，并常见渗出性腹膜炎、肠炎和卵黄破裂等。初生鸭多有卵黄吸收不全和脐炎，有的呈脱水状，如喙和腿发干；成年鸭常见坏死性肠炎，卵巢出血，偶见肺有淤血和水肿。

【诊断】本病的确诊要根据病原菌的分离与鉴定结果。确诊时，注意与鸭疫巴氏杆菌病区分。

采取病死鸭心血、肝、脾、脑，接种于胰蛋白大豆琼脂或麦康凯琼脂培养基上，37℃温箱培养 24 小时，即长成较大菌落，且在麦康凯琼脂上形成红色菌落，有特殊气味。必要时，可作细菌涂片镜检及生物试验进行鉴定。

【防控】本病主要在饲养管理环境不良、卫生条件差、通风不良、饲养密度过大、潮湿等应激因素的影响下发生，因此，改善饲养环境卫生是预防本病的重要措施。

大肠杆菌对多种抗生素敏感，如卡那霉素、新霉素、氟苯尼考、链霉素、四环素以及磺胺类药物，但长时间使用易产生耐药性，从而降低治疗效果，因此，最好对所分离细菌做药物敏感试验，用高敏性药物进行治疗，可收到较好的治疗效果。

将大肠杆菌制成福尔马林灭活苗，在发病前两周接种 1 毫升，可较好地预防本病的发生。灭活苗的制备最好采自场菌株，预防效果会更好。另将大肠杆菌和鸭疫巴氏杆菌制成二联苗，对这两种病的预防也可起到较好作用。

4. 鸭沙门氏菌病

鸭沙门氏菌病又名副伤寒，是由沙门氏菌属的细菌引起的鸭急性或慢性传染病。它可引起小鸭大批死亡，成年鸭则呈慢性或隐性感染。

【病原】本病的病原是沙门氏菌属中的多种细菌，其中鼠伤寒沙门氏杆菌为主要的致病菌，该菌是革兰氏阴性无芽孢杆菌，在普通培养基上能生长，不分解乳糖和蔗糖。

细菌可存在于吸收的鸭卵黄、心血、肝脏、脾、盲肠干酪样栓子以及肠道等处。

本菌在鸭舍室温下可存活 7 个月，在鸭粪中存活 6 个月，在鸭绒毛上可存活达 5 年，在蛋壳表面及孵化器中可存活 3 ~ 4 周，但对热及常用消毒剂抵抗力不强，加热至 60℃ 5 分钟即可被杀死。碱和酚类化合物常用作鸭舍的消毒剂，甲醛对鸭蛋、孵化器和出雏室的熏蒸消毒有良好的效果。

【流行病学】多种禽类和哺乳类动物及人类都可感染。幼龄的鸭和鹅对本病非常易感，尤其是 3 周龄以下雏鸭，死亡率从 1% ~60% 不等。

本病主要通过蛋及消化道感染，但也可通过呼吸道或破损的皮肤传染，蛋的传染包括由带菌鸭产生带菌蛋，或者病原菌污染蛋壳后，在孵化过程中侵入蛋内而造成胚胎的感染。

【临床症状与病变】本病潜伏期为 10 ~20 小时，根据不同病例大致可分急性、慢性、隐性 3 种类型。

急性病例发生于 1 ~3 周龄的雏鸭。雏鸭感染后，表现为羽毛松乱，两翅张开或下垂，体质软弱，缩颈呆立，腿软，下痢且腥臭，腹部膨大，卵黄吸收不全，脐部红肿，常于孵出数日后因败血症、脱水或被践踏而死。2 ~3 周龄小鸭发病后表现精神不振，不食或少食，双翅下垂，两眼有分泌物，下痢，颤抖，共济失调，最后抽搐而死，呈角弓反张。

慢性病例常发生于 1 月龄左右的中鸭。病鸭表现为精神不振，食欲下降，下痢，严重时粪便带血，也可能出现张口呼吸或关节肿胀、跛行等症状，通常死亡率不高，常成为带菌者，当有其他并发症时，可使病情加重，导致死亡。

隐性病例主要是成年鸭感染后不表现明显的临床症状，呈隐性感染状态，成为带菌者。

雏鸭的主要病变是卵黄吸收不全和脐炎，俗称"大肚脐"。卵黄黏稠，色深，肝稍肿，有淤血，肠黏膜呈卡他性或出血性炎症。

周龄较大的小鸭常见肝肿胀，表面有坏死灶，最具特征的病变是盲肠肿胀，呈斑驳状，内容物有干酪样的团块。直肠和小肠后段亦肿胀，呈斑驳状。有的小鸭气囊混浊，常附有黄色纤维素性团块。也有出现心包炎、心外膜或心肌炎、心包积液的病例。肾脏发白，有尿酸盐沉积。

【诊断】根据临床症状和病理变化，可作出初步诊断，但最后确诊必须进行病原菌的分离和鉴定。

采集病死鸭的卵黄、肝、脾和心血，接种于琼脂培养基或胰蛋白胨大豆琼脂培养基上，培养 24 小时后观察菌落形态，疑为沙门氏菌时，可用沙门氏菌多价 O 型抗血清进行玻片凝集反应，如为阳性，可继续进行生化特性的检查。

【防控】本病是经多种途径传染的，因此，在预防上也必须采取综合预防措施，才能奏效。

防止蛋壳被污染；防止雏鸭感染发生脱水而死亡，育雏室的温度要恒定，且要防潮；鼠常为本病的带菌者或传播者，一定要注意鸭场灭鼠等。

四环素类药物对本病有较好的疗效，但可产生耐药性，因此，最好对分离出的细菌进行药物敏感试验后，有针对性地进行治疗，方可取得好的防治效果。

5. 鸭葡萄球菌病

鸭葡萄球菌病是由金色葡萄球菌引起的具有多种临床表现的急性或慢性疾病。主要表现为关节炎、脐炎、腹膜炎及皮肤疾病，也能造成死亡。

【病原】金色葡萄球菌是革兰氏阳性细菌，不形成芽孢，不能运动，易在普通培养基上生长，能产生多种毒素和酶，有较强的致病力。经 60℃ 高温加热 30 分钟可被杀死，对甲醛敏感，对庆大霉素、红霉素和卡那霉素敏感，但也易产生抗药性。

【流行病学】金色葡萄球菌在自然界中广泛存在，是各种禽类体表皮肤的常在菌。鸭体表损伤和黏膜损伤，如免疫刺伤、异物刺伤、吸血昆虫刺伤等是本病发生的主要因素。种蛋污染后，病菌可侵入蛋内，造成孵化中胚胎死亡或初生鸭脐炎，致使弱雏或幼雏早期死亡。

【临床症状与病变】根据其临床表现，可分为以下几种类型。

关节炎型：常见于中鸭或种鸭，病变多发生于趾关节和跗关节，病变关节及其邻近腱鞘肿胀，初期局部发热、发软，疼痛，跛行，不愿行动，久之肿胀处发硬。

内脏型：多见于成年种鸭，临床常见不到明显变化，病鸭精神不振，食欲减退，有时可见鸭腹部下垂，俗称"水裆"，常因败血症而死亡。

脐炎：见于 1 周龄以内，特别是 1~3 日龄雏鸭，临床表现为弱小，怕冷，眼半闭，翅张开，腹部膨大，脐部肿胀坏死，常因败血症或衰弱被挤压而死亡。

皮肤型：见于 3~10 周龄鸭，常因皮肤损伤而发生局部感染，引起局部坏死性炎症或腹部皮下炎性肿胀。

关节炎型病例的病变为关节囊内有炎性渗出物，或干酪样坏死性物质。

内脏型病例的病变为腹膜炎，腹水增多和出现纤维素性渗出物，肝肿胀，质地发硬，有黄白色小坏死灶，泄殖腔黏膜有时见有坏死和溃疡。

脐炎型病例的病变为脐炎和卵黄吸收不全，且卵黄呈稀薄水样。

皮肤型病例的病变为皮下有出血性胶样浸润，或坏死性病灶。

【诊断】临床症状和病理变化可供诊断时参考，但要与其他疾病区分开来。脐炎亦多见于鸭沙门氏菌和大肠杆菌病，关节炎皮肤病变亦见于链球菌病。因此，确诊需要进行病原的分离与鉴定，然后根据其形态、染色和这种球菌能在厌氧条件下发酵葡萄糖，并产生过氧化物酶与凝固酶的特点，可作出诊断。

【防控】本病的预防，应注意如下几方面：

第一，减少环境中的含菌量，经常注意进行环境、栏舍、用具等的清洁消毒。

第二，防止鸭受机械损伤，垫料保持清洁、干燥。

第三，饲喂全价日粮，特别注意给予足够的维生素 A、维生素 B，以及泛酸、叶酸、无机盐，钙、磷比例要合理。

三、肉鸭常见的寄生虫病

鸭球虫病

鸭球虫病是鸭的一种危害严重的寄生虫病。国外报道，死亡率可达 80% ~100% 。近年来，我国北京地区的北京鸭死亡率为 20% ~70% ，发病后耐过的病鸭生长发育受阻，增重缓慢，对养鸭业造成巨大的经济损失。

【病原】 本病病原是鸭球虫，属孢子虫亚门，孢子虫纲，球虫目，艾美耳科。家禽球虫共有 10 种，隶属 3 个属，即艾美耳属、泰泽属、温扬属。

【流行病学】 鸭球虫病是通过病鸭或带虫鸭的粪便污染过的饲料、用水、土壤或用具而传播的。有时饲养管理人员本身也可能是传播者。

泰泽球虫卵囊的抵抗力较弱，在外界环境中发育为孢子化卵囊所需的适宜温度为 20~28℃ ，最适宜温度为 26℃ ，在 0℃ 和 40℃ 时，卵囊停止发育。

温扬球虫卵囊的抵抗力较强，在外界环境中发育为孢子化卵囊所需的适宜温度为 20~30℃ ，最适宜温度为 26~28℃ ，在 9℃ 和 40℃ 时，卵囊停止发育。

鸭球虫具有明显的宿主特异性，它只能感染鸭，同样，其他禽类的球虫也不能感染鸭。各种年龄的鸭均可被感染，但以雏鸭发病严重，死亡率高。

鸭球虫病的发病时间与气温、降雨量有密切关系，北京地区的流行季节为 4~11 月份，以 9~10 月份发病率最高。

【临床症状与病变】 急性病例感染后第 4 天，即出现精神委顿、缩脖、不食、喜卧、渴欲增加等症状。病初腹泻，随后排血粪，呈暗红色或深紫色。多数于第 4 天、第 5 天死亡，第 6 天以后挺过来的病鸭逐渐恢复食欲，死亡停止，但生长发育受阻，增重缓慢。慢性病例症状不明显，偶见有腹泻，往往成为球虫的携带者和传染之源。

泰泽球虫致病的鸭，其肉眼可见病变十分明显，整个小肠呈泛发性、出血性肠炎，肠壁肿胀、出血，黏膜上密布针尖大小的出血点，有的见有红白相间的小点，有的黏膜上覆盖着一层糠麸状或奶酪状液，或有淡红或深红色胶冻状出血性黏液。

温扬球虫的致病性不强，仅见鸭回肠后部和直肠轻度充血，偶尔在回肠后部黏膜上见有散在的出血点，直肠黏膜红肿。

【诊断】根据临床症状、流行病学和病理变化进行综合判断，镜检肠黏膜涂片，然后可作出诊断。

从病变部位刮取少量黏膜，放于载玻片上加生理盐水 1～2 滴调匀，加盖玻片，用高倍镜检查。或取少量黏膜做成涂片，用瑞氏或姬姆萨氏液染色在高倍镜下观察有无大量裂殖体和裂殖子，即可确诊。

【防控】应加强卫生管理，鸭舍应保持清洁干燥，定期清除粪便。

在流行季节，当雏鸭由网上饲养转为地面饲养时，把 0.02％ 复方新诺明、0.1％ 磺胺间甲氧嘧啶或 0.05％ 广虫灵混入饲料，连用 4～5 天，有较好的防治效果。

四、肉鸭的营养代谢病

1. 维生素 A 缺乏症

维生素 A 缺乏症是由于鸭的日粮中缺乏维生素 A 而形成的一种疾病。主要特征是鸭双目失明。

【临床症状与病变】当产蛋母鸭饲喂维生素 A 含量较低的日粮而其后代又用缺乏维生素 A 的日粮喂养时，则此雏鸭于 1 周龄左右即出现症状。主要表现为生长停滞，体质消瘦，软弱无力，羽毛蓬乱，流鼻液，流泪，有时眼睑粘连或隆起，内含有干酪样渗出物，以致病鸭不能看见东西，或因渗出物积聚压迫眼球，致使眼球凹陷破坏而失明。严重缺乏维生素A时，可引起神经症状或运动失调。

成年产蛋鸭可能出现产蛋率下降，种蛋的受精率和孵化率降低，弱雏率增高，抗病力降低，易感染其他疾病，甚至造成死亡。

眼睑粘连及渗出物的蓄积，使眼球塌陷。消化道黏膜，尤以咽部和食道黏膜出现白色坏死灶。肾小管出现尿酸盐沉积，输尿管内也充满尿酸盐。呼吸道黏膜及其腺体萎缩与变性，原有的上皮由角质化的鳞状上皮所代替。

【防控】在我国南方，产蛋鸭多在池塘、湖泊或水渠放牧，所以不易发生维生素A缺乏症。但在北方，常因日粮单纯，又不补充维生素A，本病时有发生，其后代如果在日粮中又得不到补充，则于短期内即可发病。有的鸭场在日粮中虽添加多种禽用维生素，但是该维生素制品由于存放过久而失效，仍可引起发病；夏季炎热季节，若添加维生素后拌料过多，堆积时间过长而发热，维生素A易遭破坏。因此，预防本病的发生，应注意和避免以上种种可能造成维生素A缺乏的情况发生。

当鸭群发生维生素A缺乏症时，则应饲喂正常需要量2~4倍的维生素A制剂，大约饲喂两周，即可很快获得疗效。也可在饲料中加入鱼肝油，按每千克料加2~4毫升，连喂数日，也有效果。

2. 鸭佝偻病

鸭佝偻病是由于钙、磷与维生素D缺乏或配合比例失调而造成的疾病。有人认为，佝偻病是指磷或维生素D不足所致，而缺乏钙则称为骨质疏松症。

【病因】钙、磷是构成骨骼的主要元素，若钙、磷缺乏或配比不合理，则易发生佝偻病，产蛋鸭易发生骨折和产软壳蛋，而且会影响到新出壳雏鸭钙、磷的贮备。此外，当缺乏维生素 D 时，也易发生佝偻病。其他因素，如较长时间的阴雨季节，鸭缺乏运动，鸭舍与运动场过分潮湿，患肠炎下痢等，也会促使本病的发生。

【临床症状与病变】本病发生于各种日龄的鸭，但发病的迟早以及出现症状的轻重，则决定于种鸭蛋内所含维生素 D 及钙和磷的贮备量的多少，以及幼雏日粮中维生素 D 和钙、磷的缺乏程度。如果种鸭蛋中缺乏维生素 D 和钙、磷，而幼雏日粮中又继续缺乏上述营养要素，则于 1 周龄左右即出现症状。

雏鸭和中鸭发病后，最初表现生长缓慢，行走时步态僵硬、费力，走路左右摇摆，不愿走动，常蹲卧，长骨骨端常肿大，特别是跗关节骨质疏松。此外，鸭喙变软，易扭曲。

填鸭发病常常是因中鸭饲养阶段已经成疾，最初无明显表现，逐渐出现腿软或瘫痪的症状，病鸭多伏卧，强迫行走则腿部不能直立，而且双翅扇动拍打地面向前移动。发病率一般较低，但有时可高达 50% 以上，很少死亡。

产蛋母鸭主要表现为产蛋减少，蛋壳变薄易碎，时而产出软壳蛋或无壳蛋。鸭腿软弱无力，重者发生瘫痪。在产蛋高峰期或春季配种旺季，易被公鸭踩伤甚至踩死。

雏鸭或中鸭主要的病理变化是喙部色淡变软，严重者似橡皮状。腿部长骨骨质钙化不良，变薄变软，骨髓腔变大。跗关节或骨端粗大。有些长骨变弯，形成"O"形腿，肋骨骨端与胸骨或肋软骨结合处呈结节状肿大，但这种变化较少见。

填鸭多见喙部、胸骨变软，胫骨和股骨骨质疏松，质脆弱。

成年产蛋母鸭多见骨质疏松，胸骨变软，肋骨骨端可能有结节状肿大。

【诊断】可根据病鸭的临床症状和病理变化，进行诊断。

【防治】预防本病首先要保证鸭的日粮中有足够的钙、磷、维生素 D，并且比例合适。舍饲期间，注意舍内保温、光照、通风，在阴雨季节应特别注意饲料中补充维生素 D 或给予富含维生素 D 的青饲料。

对小鸭佝偻病的治疗，可 1 次饲喂 15 000 国际单位的维生素 D_2，也可喂给维生素 AD 液或浓鱼肝油 2 ~ 3 滴，每天 1 ~ 2 次，连喂两天。

对填鸭和种母鸭的治疗，应注意日粮中钙、磷含量与比例，必要时加以调整。

3. 幼鸭白肌病

幼鸭白肌病又称缺硒和维生素 E 缺乏症，是鸭的一种因缺硒或维生素 E 而引起的营养代谢疾病。临床表现特点为嘴和腿发白，腿麻痹，喜卧或不能站立，共济失调，抽搐而死。病变特点是渗出性素质，肌营养不良，出血和坏死。

【病因】幼鸭的日粮中长期缺硒或维生素 E，是发生本病的病因。

【临床症状与病变】本病的发病率较高，常造成鸭发育不良，生长停滞以及死亡，死亡率可达 10% 以上。病鸭表现为食欲降低，采食量减少，精神不振，流鼻液，甩食，腹泻，头颈部肿大，不爱走动。随着病情的发展，出现麻痹无力，行走时打晃，头颈左右摇摆或向后翻滚，喜卧或不能站立，严重时侧卧，抽搐而死。

主要病变如下。

脑软化症：小脑出血、水肿，脑回不明显，坏死区呈黄绿色不透明外观，部分神经变性，脱出髓鞘。

渗出性素质：这是本病的特征，在头颈部、胸前、腹下等皮下有渗出物和黄色胶冻样变化，肌纤维间质水肿，心包积液。腿部肌肉常见有出血斑。

肌营养不良：嗉囊平滑肌和小肠平滑肌变性，横纹肌尤其是胸肌、腿肌萎缩，褪色苍白，所以称白肌病。肌肉出现黄白色条纹坏死，缺乏维生素 E 时更明显。镜检可见肌纤维坏死，心肌变性并有灰白色条纹或斑块状坏死，小肠壁坏死，肌胃肌组织变性，因而使消化受阻，影响生长发育。

【诊断】 根据本病的临床症状及特征病变，再结合病因调查，即可作出诊断。

【防治】 预防本病的发生，应注意饲料的来源，如来自我国东北、华北、西北等地区的谷物，常缺硒或少硒，可在饲料中添加足够需要量的硒。维生素 E 为脂溶性维生素，存在于青绿饲料中，很不稳定，易被破坏，在存放配合饲料时，应置于凉爽、干燥处，且存放时间不宜过久。

如缺乏维生素 E 时，可按每只鸭服 300 国际单位的维生素 E 进行治疗，能减轻鸭的渗出性素质与肌萎缩症状。

若每千克日粮中同时加入 0.1 毫克的硒与 250 单位的维生素 E，则防治效果更佳。

五、其他常见疾病

1. 鸭曲霉菌病

鸭曲霉菌病又名鸭霉菌性肺炎，是鸭的一种常见的真菌病。主要发生于小鸭，多呈急性经过，发病率和死亡率很高，成年鸭多为散发。

【病原】 一般引起本病最常见而且致病最强的病原菌为烟曲霉菌。其孢子在自然界分布广泛，常污染垫料和饲料。此外，其他曲霉也可引起感染，如黄曲霉、黑曲霉、构巢霉。

烟曲霉在察氏或萨布罗氏琼脂平板培养基上很容易生长，起初菌落是绿色乃至蓝绿色，随着培养时间的延长，颜色变暗，接近黑色，菌落呈天鹅绒状，一昼夜可形成孢子。

病原体对外界具有很强的抵抗力，干热 120℃ 1 小时、煮沸 5 分钟，方可杀死。消毒药 2.5% 福尔马林、水杨酸、碘酊，经 1～3 小时可使该菌灭活。

【流行病学】各种家禽和野生禽类对曲霉菌都有易感性，特别是幼龄禽类更易感染。主要的传染来源或传播途径是被污染的垫草和饲料，但不排除经消化道感染的可能。此外，孵化器污染后，常可使小鸭出壳后1周龄即患病，出现呼吸道症状。

【临床症状与病变】本病潜伏期为3～10天。急性病例发病后2～3日内死亡，主要发生于雏鸭。病鸭精神不振，眼半闭，呼吸困难、加快、喘气，常见伸颈张口呼吸，食欲减少或停止。口腔与鼻腔常流出浆液性分泌物。当气囊有损害时，呼吸时发出干性的特殊沙哑声。病鸭下痢，急剧消瘦而死亡，死亡率可达50%～100%不等。慢性病例症状不明显，主要表现为阵发性喘气，食欲不佳，下痢，逐渐消瘦而死亡。

急性病例中，可见肺和气囊有数量不等、大小不一的灰黄色或乳白色小结节，鼻喉、气管、支气管黏膜充血，有灰色渗出物，肝脏淤血和脂肪变性。慢性病例可见支气管肺炎病变，肺实质中有大量灰黄色结节，切面呈干酪团块，这种结节在胸气囊也可看到，部分胸部气囊和腹部气囊膜上见有约2～5毫米厚、圆碟状、中央凹下的霉菌菌落或称霉菌斑，有时被纤维素浸润，并呈灰绿色或浅绿色粉状物，此菌落见于鼻腔、眶下窦、喉、气管和胸腹浆膜，肠黏膜充血，有时有腹膜炎。

【诊断】根据流行病学、临床症状、病理解剖，可作出初步诊断；进行微生物检查，可进一步确诊。

以无菌操作采取病鸭肺和气囊中的霉菌斑，接种在察氏或萨布罗氏琼脂平板上，37℃培养2～3天，形成灰白色绒毛状菌落，挑少许菌落于有乳酸苯酚棉蓝液的载片上，置显微镜下观察，根据其形态特征进行鉴定。

【防治】

第一，加强饲养管理，搞好环境卫生。

第二，不用发霉的垫草和禁喂发霉饲料。

第三，鸭舍用福尔马林熏蒸消毒，或用0.5%新洁尔灭和

0.5%～1%甲醛消毒。

第四，搞好孵化器的消毒。

第五，如鸭群已被感染发病，则及时隔离病鸭，清除垫草和更换饲料，消毒鸭舍，并在饲料中加入0.1%硫酸铜原液。更换放牧地。

本病无特效疗法，可试用制霉菌素气溶胶吸入或在饲料中加入制霉菌素进行防治，按80只雏鸭用50万单位，每日2次，连喂3天。用两性霉素B或克霉唑（三苯甲咪唑）治疗，也有一定效果。

2. 鸭黄曲霉毒素中毒病

鸭黄曲霉毒素中毒病是由黄曲霉毒素引起的一种霉菌中毒病，以损害肝脏为主要特征，临床表现为食欲逐渐减退，生长缓慢，脱毛，跛行，抽搐，死前呈角弓反张。

【病因】本病是由黄曲霉所产生的毒素引起的一种中毒病。黄曲霉毒素分布的范围很广，凡是感染了能产生黄曲霉毒素的真菌的粮食、食品和饲料等，都有黄曲霉毒素存在的可能。能产生黄曲霉毒素的菌种，除黄曲霉外，尚有寄生曲霉，但并不是所有黄曲霉和寄生曲霉的菌株都产生黄曲霉毒素，而且黄曲霉毒素有多种，在各种黄曲霉毒素中以B_1，B_2，C_1，C_2 4种在自然界中存在最为广泛，其中又以B_1产生最多，毒性最强，C_2次之。

黄曲霉毒素相对稳定。高温、强酸、紫外线照射都不易使其破坏，加热至268～269℃时才开始分解，强碱和5%次氯酸钠，可使黄曲霉毒素B_1完全破坏。在高压锅中，120℃维持2小时，毒素仍存在。

【流行病学】本病可以发生于多种动物和禽类，亦可发生于人类。不同品种、不同周龄的鸭对其敏感性不同，雏鸭对其最为敏感，北京鸭对黄曲霉毒素的耐受性比其他品种鸭要高。

本病的发生主要与采食了含黄曲霉毒素的饲料有关，在条件适宜的情况下，即在温度27℃左右，相对湿度80%以上时，一些饲料原料易产生黄曲霉毒素，因而我国南方易发生黄曲霉毒素中毒病例。

【临床症状与病变】病鸭最初症状为采食量减少，生长缓慢，羽毛脱落，常见跛行，腿和趾部可出现紫色出血斑点。雏鸭死前常见有共济失调，抽搐，死时呈角弓反张，死亡率可达100%。

在较大的雏鸭中，可见有皮下胶样渗出物，腿部和蹼有严重的皮下出血，中毒的特征病变在肝脏，1周龄病死鸭的肝脏肿大，色发灰，肾苍白肿大，或有小出血点，胰脏亦有出血点。3周龄以上的鸭肝脏呈灰白色，萎缩变硬。较大的鸭子还可见心包积液和腹水，这是因肝硬变而造成的。此外，亦可见肾脏肿胀出血和胰脏出血。

【诊断】可根据临床症状和病变进行初步诊断，但确诊需用可疑饲料喂1日龄雏鸭，进行黄曲霉毒素的生物学鉴定。

【防治】无特效药物治疗。发生本病后，应立即更换饲料和饲草，能很快地控制发病死亡。平时预防应注意加强饲料的保管工作，尤其是在温暖多雨季节应注意防霉，防止饲料中黄曲霉毒素的生成。

3. 肉毒中毒

鸭的肉毒中毒又名西方鸭病或软颈症，是由肉毒梭菌毒素引起的一种麻痹性疾病。主要特征是全身性麻痹，头下垂，软弱无力。

【病原】肉毒中毒是由肉毒梭菌在厌氧条件下产生的毒素引起的。细菌本身不引起疾病，是一种腐生菌，多存在于土壤和污泥中，也可存在于禽的肠内容物中。该菌为厌氧性、能形成芽孢的杆菌，革兰氏阳性，在厌氧条件下产生外毒素。该菌有7种血清型，相应地产生7种毒素，鸭肉毒中毒常常由C型毒素引起。肉毒梭菌的毒素是神经毒素中最毒的一种，较耐热，加热至80℃6分钟才死亡。

【流行病学】本病常发生于碱性浅水域，多发于夏秋季节。有时鸭采食含有大量肉毒梭菌污染的饲料，也会发生中毒。

【临床症状与病变】鸭发生中毒的潜伏期长短不一，在临床上可分急性和慢性两种。

急性中毒鸭表现为全身痉挛、抽搐，很快死亡。慢性中毒鸭表现为迟钝，嗜睡，衰弱，两腿麻痹，羽毛逆立，翅下垂，呼吸困难，头颈呈痉挛性抽搐或下垂，不能抬起，所以称"软颈病"。常于1~3天后死亡。如出现轻度的运动失调，给予良好护理可恢复健康。

除消化道前段经常空虚外，不见其他肉眼可见病变和显微镜下可见病变。

【诊断】当发现鸭出现麻痹症状而无明显病理变化时，可怀疑是肉毒中毒，实验室检查出毒素才能确诊。

【防治】如发现鸭群发生本病，首先应远离水源，更换放牧地或水塘，应及时处理池塘或湖泊边的动物死尸。在夏秋季，不要饲喂变质的动物饲料。治疗可用肉毒梭菌C型抗毒素，每只鸭注射2~4毫升，常可奏效。

4. 鸭喹乙醇中毒

鸭喹乙醇中毒是因鸭摄入较大剂量喹乙醇后而发生的一种中毒性疾病，其特征是鸭嘴上喙出现水泡，皱缩，喙上短下长。

【病因】喹乙醇又名快育灵，能促进家禽的生长发育，具有较强的抗菌和杀菌能力，常被用作饲料添加剂和治疗药物。但若用量过大，混料不匀或长期使用，易造成中毒。

【临床症状与病变】病鸭表现为精神沉郁，食欲减少，双翅下垂，行路摇摆，喜卧，严重时瘫痪，衰竭而死。慢性中毒病例除上述症状外，其特征症状是鸭嘴上喙出现水疱，疱液混浊，水疱破裂后，脱皮龟裂，喙上短下长，单侧或双侧眼失明。

急性中毒病例无明显肉眼可见病变。慢性中毒病例可见上喙出现水疱，皱缩或畸形，喙与腿骨较软，肝脏稍肿，肠道轻度肿胀。

【诊断】首先了解饲料中是否投喂喹乙醇，再根据其临床特征症状进行判断。

【防治】预防本病的发生，主要是在投喂喹乙醇时用量要合适，拌料要均匀，不要连续高剂量投喂。一旦发现鸭群发生此病，应立刻停止投喂。

5. 鸭光过敏性病

鸭光过敏性病是由鸭采食了光过敏性物质，经阳光照射后发生的一种疾病。其特征是鸭的上喙、蹼上出现水疱。

本病的死亡率不高，但由于病鸭失明、减食，影响生长增重，特别是病后留下瘢痕，造成上喙变形，短缩，形成大批残次鸭，造成较大的经济损失。

【病因】当鸭采食了混有一定数量的大软骨草草籽的饲料后，在舍外经阳光照射一段时间，无论雏鸭、中鸭、填鸭还是种鸭都可发病，但仅仅采食这种饲料而未经阳光照射的鸭，不会发病。因此，采食大软骨草草籽和阳光照射，是本病的病因。

【临床症状与病变】本病的临床特点在于上喙背侧和蹼背侧的水疱以及上喙水疱破裂后遗留下的斑痕或变形。

一般症状表现为精神不振，食欲减少，初期体温正常，后期稍高，眼有分泌物，甚至上下眼睑粘连。上喙失去原来的黄色，局部先发红，形成红斑，1~2天内发展成黄色、蚕豆大的水疱，有的水疱连成片，疱液为透明淡黄色，并混有纤维素样物。此时，在鸭蹼上同样出现水疱，水疱破裂后结痂，经过2~4天，上喙的水疱破裂并结成棕黄色的痂，经过10天左右，喙和蹼上的痂开始脱落，变成棕黄色或暗红色，鸭嘴变形、缩短。但填鸭和种鸭有的变色而不变形。患病严重的鸭嘴，从远端向上扭转、短缩，有的缩短达2厘米，舌尖部外露，发生坏死，导致食料减少，影响增重。

病变主要见上喙和蹼的弥漫性炎症，水疱及水疱破裂后结痂、变色或变形。皮下血管断端血液呈紫红色，凝固不良，如酱油样，膝关节部肌膜有紫红色条纹状出血斑以及胶样浸润。消化系统见舌尖部坏死，十二指肠卡他性炎症。肝脏有的病例见有大小不等的坏死点。

【诊断】本病的诊断主要根据其特征性的临床症状和病变，进一步检查饲料中是否含有光过敏性的大软骨草草籽，如有则停喂后停止发病。

【防治】发病后无有效的治疗办法。因此，在选购饲料时一定要注意是否混有大软骨草草籽，一旦发病，立即停喂可疑饲料。

6. 鸭大肝病

鸭大肝病又名"水裆病"，是鸭的一种不明病因的慢性疾病，主要发生于成年鸭，发病率可达 5% ～ 10%，有时高达30%，严重地影响了鸭群的生产能力和利用年限，是造成种鸭死亡损失的最常见的疾病之一。

【临床症状与病变】本病主要发生于成年鸭，尤其以产蛋母鸭为主，罕见于公鸭。发病初期症状不易察觉，仅见病鸭精神沉郁，喜卧，不愿活动或行动迟缓，食欲减少或正常，有的鸭腿脚发生肿胀，严重的跛行。常见腹部因有腹水而膨大、下坠，故名"水裆病"。触诊腹部有大量的液体，有时可摸到大而质硬的肝脏，有的病鸭呈企鹅式站立。病鸭死前，看不出明显的挣扎症状。

大部分病例发育正常。某些病例有透明浅黄色或血性腹水，最多时可达 700 毫升，有些病例腹膜及内脏器官浆膜表面粗糙，有纤维素性渗出，有时卵泡脱落或破裂后所形成的大小不一的卵黄凝结物或凝块，呈卵黄性腹膜炎，胸腔气囊较为粗糙、增厚，严重的腹腔各器官发生粘连。肝脏明显均匀肿大，比正常鸭肝大1～3 倍，尤其是肝右叶肿大更为显著，肝脏边缘钝圆，颜色一般为灰黄、棕黄或黄绿色，质地较韧，呈橡皮样，切面致密，颜色与表面相似，肝包膜一般光滑，有肝周炎者则粗糙，有纤维素样物覆盖，个别病例肝包膜增厚，呈灰白色。脾脏正常或肿大，淤血，质脆易破。心脏偶见外膜增厚、粗糙，有纤维素性渗出物。卵巢与输卵管的变化较为普遍，大部分呈萎缩停产状态，卵膜充血、出血，卵子变形或变色，有些卵泡破裂或脱落于腹腔，表面有纤维素性渗出物或结缔组织包裹。

　　【诊断】根据临诊观察和病理变化，可作出初步诊断；通过病理组织学检查，可确诊。

　　【防治】对本病发生的原因还没有真正的了解，因此，预防本病的发生也十分困难，而且尚无有效的治疗方法。

第九章 肉鸭屠宰及产品加工

一、屠宰工艺

养殖肉鸭要想获得较高的经济效益，仅靠养殖销售活鸭是远远不够的，必须要养殖、加工、销售一体化发展。养鸭场在肉鸭屠宰上多采用手工的方法。加工工艺流程是：候宰→送宰→屠宰→浸烫→脱毛→开膛抓内脏→贮藏、出售或深加工。

1. 候宰

宰前禁食12个小时，宰前3个小时停水。屠宰要到专门的屠宰车间进行，宰时做到病健分宰，先健后病。

2. 送宰

每批送宰鸭的数量不宜过多，不同品种、不同颜色的鸭分开送宰。点数要准确，保证投料数与成品数相吻合。

3. 屠宰

下刀部位要准确，不淤血，滤血6~8分钟，死透后入烫池，以免造成放血不良或活烫使鸭体发红。屠宰方法有刀口屠宰和口腔屠宰两种，刀口屠宰是从颈下喉部直接切断血管、气管和食管。要求从鸭的下颚部外切口，刀口不得深于0.5厘米。口腔屠宰是将鸭头部向下斜并固定，拉开嘴壳，将刀尖伸入口腔，刀尖达第2颈椎处即颚裂的后方，用刀尖切断颈静脉和桥状静脉的联合处，接着收刀通过颚裂用力将刀尖斜刺延脑。此法虽然外部没有刀口，外观整齐，但是技术比较复杂，一旦放血不良，会使颈部淤血。

4. 浸烫

鸭经过屠宰后需要立即浸烫，浸烫的关键是根据鸭的品种和日龄适当掌握水温和浸烫时间。

（1）手工浸烫　鸭的羽毛覆盖层厚，水温一般为 65～68℃。温度的掌握可把手先在冷水中浸一下，然后伸进热水中，感觉水烫而皮肤没有刺激为好。家庭宰杀可将沸水和冷水按 3：2 掺和即可。浸烫时间一般为 1 分钟左右。浸烫要在鸭完全停止呼吸而体温又没有散失时进行。注意水温不能过高，浸烫时间不能过久。

（2）机械浸烫　即采用蒸汽热水温、使水温保持在规定范围内连续进行。浸烫温度为 61～62℃。机械浸烫可控制和调节水温，又能定时换水，保持清洁卫生。

5. 脱毛

屠宰后的鸭经过浸烫即可去毛，要求时间快，去毛干净。脱毛也有手工与机械脱毛两种方法。手工去毛是根据羽毛的性能、特点和分布的位置依序进行的。翅上的羽片长，根深，首先要拔除；背毛因皮紧，脱毛时皮容易受损，可用推脱；胸脯毛松软，弹性大，可用手抓除；尾部的羽毛硬而根深，且尾部富有脂肪，容易滑动，要用手指拔除；而颈部比较松软，容易破皮，要用手握住颈，略带转动，逆毛倒搓。机械去毛一般是由电动机带动滚筒上的若干橡皮刺，使两面相对的橡皮刺急速旋转，当经过浸烫的鸭通过中间空隙的时候，就与鸭体羽毛紧密接触，互相摩擦。这种摩擦力超过了鸭体毛囊对羽毛的持握力，因而在不损坏皮肤的情况下，分别经过机械的操作，在几秒钟内就能把羽毛顺利地去掉。机械去毛速度快，皮肤不易受损伤，而且大小毛都可以去净，仅有少量翅羽和尾羽残留，须经人工整理。

脱毛完成后，除去鸭的脚皮和嘴，以保持鸭体全身洁白干净。

6. 开膛

开膛前须先除粪污，即将鸭体腹朝上，两掌托住背部，以两指用力按捺鸭的下腹部向下推挤，即可将鸭粪从肛门排出体外。接着洗淤血，一手握住头颈，另一手中指用力将口腔、喉部或耳侧部的淤血挤出，再抓住头在水中上下左右摆动以洗净血污，同时顺势把鸭的嘴打开舌衣拉出。

开膛可采用腋下开膛和腹部开膛两种方法。腋下开膛即从左下肋窝处切开长约 3 厘米的切口，再顺翅割开 1 个月牙形的口，总长度为 6 ~ 7 厘米即可。腹部开膛即用刀尖或刀从肛门正中稍稍切开，刀口长度 3 厘米，以便食指和中指可以伸入拉肠，有的切口长 5 ~ 6 厘米以便五指伸入，要视加工需要而定。

7. 扒内脏

有全净膛、半净膛和满膛之分。

（1）全净膛 即除肺、肾外扒出全部内脏。腋下开膛的鸭都是全净膛，操作一般是先把鸭体腹部朝上，右手控制鸭体，左手压住小腹，以小指、无名指、中指用力向上推挤，使内脏脱离尾部的油脂，便于取内脏。随即左手控制鸭体，右手中指和食指从腋下的刀门处伸入，先用食指插入胸膛，抠住心脏拉出，接着拉食管，同时将与肌胃周围相连的盘腱和薄膜划开、轻轻一拉，把内脏全部取出。对腹下开膛的全净膛，一般是以右手的 4 个指头侧着伸入刀口内（刀口长度约 3 厘米）触到鸭的心脏，同时向上一转，把周围的薄膜划开，再手掌向上，四指抓牢心脏，把内脏全部拉出。

（2）半净膛 即从肛门口处切开长约 2 厘米的刀口，拉出肠和胆囊，其他内脏仍留在鸭的体腔之中。操作时将鸭体仰卧，用左手控制住，以右手的食指和中指从肛门刀口处一并伸入腹腔，夹住肠壁与胆囊连接处的下端，再向左弯转，把牢肠管将肠子连同胆囊一齐拉出。

（3）满膛（即不净膛） 即活鸭屠宰后全部内脏仍留在

体内。

在开膛扒内脏时如拉断肠管或胆囊弄破，应继续清除肠管并用水冲洗，不使肠管或胆汁留在腹内，以免污染鸭体。此外，开膛后的鸭体腹腔内可能残留血污，应用水清洗，使其不留污秽。

8. 鸭肉的分割

为了进一步提高养鸭业的经济效益，满足人民对食品的需求，必须促进鸭肉包装产品和分割肉产业的发展。目前，国内鸭肉的分割尚无统一规定，一般鸭可分割为头、颈、爪、胸、腿5件，其中躯干部分1号、2号两块胸肉。鸭肉分割步骤如下：第一刀从左跗关节取下左爪；第二刀从右跗关节取下右爪；第三刀从下颚后环推于第1颈椎间斩下鸭头，带舌；第四刀从第15颈椎间斩下颈部，去掉皮下食管、气管和淋巴；第五刀沿胸骨脊左侧由后向前平移开膛，摘下全部内脏，用干净毛巾擦去腹水、血污；第六刀沿脊椎骨的左侧（从颈部直到尾部）将鸭体分为两半；第七八刀从胸骨端剑状软骨至髋关节前缘的连线将左右分开，分成4块。

9. 鸭肉的保存

鸭肉营养价值较高，但也易腐败变质。其最主要的原因是由于微生物作用、发酵作用和氧化作用，从而引起鸭肉中的蛋白质分解和脂肪酸败。经研究证明，微生物在10℃不通风的气温条件下，24小时就可以使禽肉变质。其中以微生物作用最为严重。

保存鸭肉的方法很多，我国农村有熏、腊、风、腌等技术。从经济效果看，采用低温保存是比较合适的，既方便又适宜大批量保存、生产和运输。保存温度越低，其保存时间就越长。我国出口家禽冻结温度要求不高于 −6℃，贮存肉不得高于 −12℃。国际上要求达到 −18℃。鸭肉的冷冻、冷藏程序一般为：预冷—装盘—速冻—包装—冷藏。

二、活拔羽毛技术

1. 活拔鸭毛绒

羽绒是我国传统的出口产品，其中以鹅的羽绒最为珍贵，鸭的羽绒也很好。我国有传统的活拔绒技术，简单易行，又可增产羽绒和改善羽绒的质量。一只鸭一次可以拔绒 20 克，多的有30 克，按市场价，每只每次可增加收入几元。拔后只要管理好，草料充足，35～40 天后，又可以拔第二次、第三次……经过研究证明，第二次、第三次拔绒，不仅毛孔变粗，比第一次好拔，还增加了绒毛产量，增加了体重。户养几百只鸭，拔毛一次可以增加近千元收入，是一项农民增产、增收的好方法。

羽毛是一根管状，里面带血和很多黏液，轻轻一拔就会淌血，叫做血管毛。如果绒稀少，血管毛很多，说明已经开始掉羽、换羽，就不要拔了。拔毛前一天傍晚，最好不喂料、不下水。因为肚饱拔绒，容易使鸭体受伤，更容易使鸭在挣扎时多排粪便、沾污羽绒；也不要对刚离水上岸的鸭实行活体取绒，这样会影响羽绒质量。

拔绒最好在室内，如在室外也要向阳避风，绒絮很轻，风一吹就会飞掉。拔前要准备好两个盛具，绒絮和羽毛最好分开放，还要准备好装羽绒用的塑料袋。拔绒者要穿上工作服，以免沾污。

拔绒可以两人合作操作，也可以一人操作。两人合作比较方便，一人抓鸭固定，配合操作，一人拔毛；一人操作要坐在凳上，将鸭的胸腹部朝上，用两腿轻轻夹住头颈和两只翅膀，使鸭平躺在人腿上，这时两手都可以操作，不易疲劳，当鸭群较大时，最好由专业人员来拔绒，这样既省时，又不致因手忙脚乱而沾污鸭绒。

拔绒时，轻轻用手指抓起几根羽绒，数量不能多，抓的部位要尽量低一些，贴近皮肤，使巧劲，顺方向，轻轻一扯，羽绒就下来了。如果抓得太多，用力不当，有时会把皮肤扯破，淌出血来，这时要用些红药水涂擦，所以事先要准备好一瓶红药水备用。拔时要先拔羽毛，后拔绒絮，羽和绒要分开放。因为值钱的是绒絮。毛上有黑点的，叫黑头，也会影响价值，如果有，也要分开。总之，抓毛要少，捏位要低，顺向使劲，动作要快，先羽后绒，羽绒分开。拔的顺序是先颈部下端，逐步向下，到两翅腋下。腿侧，直至尾尖，整个胸腹部。如见有血管毛，应避而不拔，如已拔破淌血，也要涂擦红药水。

拔过绒的鸭子，要轻轻放在地上，任其自行休息，不能下水，室内躺的场所要换一些柔软干燥的水草。头两天，拔过绒的鸭子精神不太好，走路摇晃，不太好动。翅膀下垂，一般两三天可以好转。这时，应多放多喂点好的草料，不要让它们在烈日下曝晒。7天内不要让它们下水。待长出新毛后。再恢复正常放牧和饲养管理。另外，公、母要分开饲养，以防交配。

拔下的绒絮很轻，要及时收好，避免被风吹掉，或被沾污。为获得质优量多的羽绒，收集羽绒要按质量和颜色分类，并经过除杂、洗涤、干燥处理，最后按类分级包装。没有条件的，可用麻袋或塑料袋装好，放在阴凉通风处保存，并经常翻动检查，防止虫蛀和霉烂，有条件的地方，最好尽快出售给羽绒加工厂，进行清洗、脱脂、消毒处理。不适宜作羽绒制品的羽毛，可以加工制成羽毛粉。据测定，羽毛粉的干物质为93%，其中粗蛋白质88.3%、灰分3.8%、钙0.42%、磷0.51%，无氮浸出物0.5%，氨基酸中以胱氨酸的含量为最高。因此，可以作为畜禽的蛋白质饲料来源之一。

值得说明的是，活拔绒技术并不是在所有地区、所有鸭种都适用。我国有的地区专门饲养仔鸭提供食用。这时羽绒还没有老化，绒絮很少，不适用活拔绒。由于羽绒也是蛋白质转化来的，在产蛋、配种季节也不适拔绒，否则会影响产蛋和繁殖。还有的鸭主要靠喂饲料，以料换绒，也不合算。所以对鸭施行活体取绒，主要是针对休产期的老鸭，或结合人工强制换羽来进行。或因为市场原因，如鸭准备节日上市，计算好时日，进行活体拔绒，以增加效益等。另外，正在流行疫病或寄生虫病严重的地区，也不宜采用活拔绒技术。要先治病，后拔绒。

2. 毛绒质量检验与分价

检查绒毛的质量，主要是测定绒毛的含量。检验时，先从一批绒毛中抽拣出有代表性的样品，称取一定重量，再分别挑选出绒朵和毛片，称出各自的重量后，计算出绒朵和毛片所占的比例。如绒毛合计重量为10克，其中绒朵重4克，毛片重5.4克，杂质（皮屑、水分含量等）为0.6克，即含绒量为40%，含毛量为54%，损耗为6%。

毛、绒分价就是对鸭的毛、绒价格实行分别计算。具体做法是：从交售的混合绒中随机拣取小样，测定毛、绒各占的重量和比例，再分别乘以各自的单价，即可算出其价值。如交售混合鸭毛绒500克，捡小样测出其中含绒40%。含毛54%，杂质6%。若以绒单价160元/千克、毛片2元/千克计算。据上法可算出500克混合绒毛价值32.54元。

三、鸭产品深加工

1. 鸭肉

（1）鸭肉的营养价值　鸭肉营养丰富，蛋白质含量高于牛、羊肉，而且其中的必需氨基酸含量也明显高于牛、羊肉。其脂肪含量低于猪、牛、羊肉，但其不饱和脂肪酸比例却高。鸭肉中无机盐含量丰富，其中有磷、钠、铁、钙、锌、钾、铜、锰，以及微量的硒、钴、钼、镁、镍、铬、锰等，是人类食物中微量元素的重要来源之一。此外，鸭肉中还含有大量维生素，尤其是含丰富的B族维生素。

（2）鸭肉的加工　我国养鸭历史悠久，吃鸭子是由来已久的习惯，无论北方还是南方，人们都爱吃鸭子，烹调方法也多种多样。

①南京板鸭：板鸭是我国著名特产，生产历史悠久，以南京板鸭最为有名。南京板鸭加工季节一般以大雪至立春前腌制为宜，这个阶段加工的板鸭储存时间可达 4 个月以上。小雪至大雪和立春至清明期间腌制的板鸭因气温较高，只能储存 1~2 个月。

原料：2.2 千克左右鸭屠体若干，右翅下开膛。

调料：盐、生姜、八角、葱。

制作：鸭屠体斩去翅膀上两节及双脚，撕去鸭舌，用冷水洗净体内的残血和破碎的内脏，再用冷水浸泡 4~5 小时，沥干水分进行整形。整形时，将鸭体放在砧板上，背朝下腹朝上，头里尾外，左右双掌叠起，放在胸骨部使劲下压，将三叉骨压扁，使鸭体呈扁形，即成鸭胚。鸭胚的腌制要经过抹盐、扣卤、复卤、叠胚、排胚、晾挂 6 道工序。

抹盐。每 50 千克盐加 100 克八角。盐和八角炒干、磨细、混合均匀。按鸭的体重逐只配料，用量为净鸭重的 1/6。先以 3/4 的盐从右翅下开口处放入体内，摇动鸭体，使其在胸、腹腔内散布均匀，其余 1/4 均匀擦在皮肤上和大腿、胸肌上，刀口和口腔内尤其要擦透。

扣卤。将擦好盐的鸭胚，依次叠放入缸内。经 12 小时的腌制，其肛门部已缩，取出鸭体压挤。使肌肉中一部分水分和血卤排出。再将鸭胚叠放入缸中，经 8 小时后第二次排卤。清除鸭体剩余血水。

复卤。用鸭体渗出的血水作原料。每 100 克血水加 50 克盐，煮沸后撇去表面上的血沫和污秽。冷却后，加入打扁的生姜 25 克、八角 12.5 克、茴香 12.5 克、葱 100 克，煮沸。倒入缸内冷却，使卤水清澈微香，即制成老卤。在右翅刀口处灌入老卤，每缸可卤板鸭 30 只左右，可连续卤 5~6 次，当卤色变成淡红后，则应烧卤后再继续使用。若盐分不足时，可适当加盐，老卤越陈越好。

叠胚。复卤后将鸭放在砧板上。再次用手掌压成扁形，然后叠入缸内。头朝缸中心叠故，以免刀口渗水的血卤污染鸭体。

排胚。叠胚2～4天后，进行排胚。取出鸭，用清水将鸭体冲洗干净，挂在木档钉上，拉开鸭颈，拍平胸部，修整腹肌（即将两腿之间和肛门周围整成球形），使外形美观，然后用清水冲去体表杂质，挂在通风处晾干，待水净皮干后再收回复排。

晾挂。复排后，鸭胚要转入仓库晾挂。仓库应四周通风良好，不受日晒雨淋。挂鸭的架子中间安装木档，木档间距50厘米，木档两边钉钉，两钉距离15厘米，每只钉可挂两只鸭胚。两胚间用一根秫秸从腰部隔开。2～3周后即可上市。

南京板鸭具有"干、板、酥、烂、香"的特点。烹调前，需用清水浸4小时左右。漂淡盐味。待鸭体变软后洗尽灰尘，捞出沥干，再下锅煮熟。煮时要将水加热至80℃左右放入板鸭，停火，焖50分钟，再加火烧15分钟，使水温回升至80℃左右，往锅内略加凉水，提起鸭腿让水从右翅下开口处流尽，再放入锅内，盖好锅盖小心焖40分钟即熟。煮时可加些葱、姜、八角等调料。煮熟的板鸭要凉切，当天煮当天切。

②北京烤鸭：北京烤鸭是我国名产，驰名中外。烤鸭色泽鲜亮，香味浓郁，皮脆肉嫩，肥而不腻，具有特殊风味。

原料：人工填肥的北京鸭，以55～65天活重2.5千克以上的最适宜。

调料：少许糖稀或蜂蜜，汤水。

制作：

原料整理。将鸭倒挂，放血致死，褪干净毛，用气针插入皮下打气，使鸭子的皮下充满气体，打气时，不要用手捏住躯体，以免形成凹坑，而影响烤鸭的质量和外形的美观。打气后，在右翅下切一开口，取出全部内脏，用清水冲洗2～3次，去净残留的脏器和血污。用一勺开水先烫刀口处侧面，使刀口的表面及四周皮肤收紧，严防从刀口处跑气，之后用沸水淋浇其他部位。待鸭皮层的毛孔收缩，表皮绷紧，说明表皮已烫好，毛孔收紧。烤制时可减少从毛孔中流出溶化的皮下脂肪；皮层紧缩变厚，烤制后鸭的皮层具有酥脆的特点；同时，也使打在皮层下的气体尽量膨胀，表皮显出光亮，烤制时着色均匀，淋沸水后在鸭的 5～6 颈椎处用钩挂住，晾干。在皮上均匀涂一层糖稀或蜂蜜，阴雨天鸭皮潮湿，不易吸收糖稀，应多涂一些。为了增强着色力，可在糖稀晾干后再涂一次，但不能过多，过多容易烤焦。

　　烤制。表皮的糖稀晾干后，即可烤制。烤制前，用一截带节的高粱秆塞住鸭肛门，然后往腹腔灌入 100℃ 的汤水 70～100 毫升。灌水的目的是为了在烤制时形成外烤内煮的环境，使腹内热得快，并具有外脆内嫩的风味。灌水量以不致从右翅下切口流出为宜。烤制时，背部向火，悬挂在 150～200℃ 的烤炉内，经常变动方向。约经 1 小时，待鸭体全身呈枣红色，从皮里面向外渗透油滴时，说明烤鸭已熟。另外，还可以观察膛水，在摘钩前，拔去肛门部的堵塞，如果从肛门流出汤水呈乳白色，并带有黑色血块，说明烤鸭已熟透；如果流出的膛水呈粉红色而带没有凝固的血块，说明烤鸭没有熟透，还要回炉处理。

　　③酱鸭

　　原料：光嫩鸭 1 只。

　　调料：红米、盐、冰糖。

　　制作：

　　光鸭剖腹，摘去内脏洗净。斩去嘴巴、脚爪、翼梢，割去鸭膻，再放入沸水锅中煮一下捞出，鸭腹内壁用盐抹匀。

　　锅内置清水 1 千克，将红米、葱、姜、八角、桂皮用布包好放入锅中，用旺火烧到汤汁呈红色时，即捞出香料包。

　　鸭子下锅，加冰糖、盐、黄酒，用小火烧 2 小时左右，待鸭子酥烂，汤汁剩 200 克左右时，用旺火收汁，一面用勺子舀汁，不断往鸭子身上浇汁，一面兜锅使鸭子在锅中不停转动，至汤汁剩约一半时，将鸭子捞出放在盛器内。鸭身上浇上余汁，待冷却后切块装盘。

2. 鸭胗的加工利用

鸭胗，又称鸭肫，即鸭的肌胃。加工方法如下：将鸭胗从右面的中间用刀斜形剖开半边，除去胗内容物。刮净鸭内金（即胗内的那层黄色角质内皮），用水洗净后，加少许盐用手轻轻揉擦，以除去酸臭味，再洗净，洗净后的鸭胗，按每 100 个加盐 0.75 千克拌匀进行腌制，经 12~24 小时，取出用清水洗去附在胗上的污物。用细麻绳在胗边穿起来，每 10 个一串。吊起在日光下晒 3~4 天，约至七成干时取下整形。方法是，把胗放在桌上，以右手掌后部，用力压扁揉搓两块较高的鸭胗，使其成为扁平状，既呈现外观美，又便于储存和运输。

制好后的鸭胗，可晾挂在通风凉爽的室内保存，晾挂时间最长为半年，也可保存于缸内，以减少水分蒸发及降低氧化速度。腌制成的鸭胗经日晒晾挂后，重量减轻，通常干制品为新鲜鸭胗重量的 50%。

3. 鸭血的加工利用

鸭血可做食用，也可做动物的蛋白性饲料。食用鸭血必须来自健康鸭群，在收血容器中加入含盐量 20% 的食盐水，将鲜禽血接入，约为水的 2 倍，然后将其蒸煮即可。

鸭血作为饲料时，一般有蒸煮干燥、瞬间干燥和喷雾干燥 3 种处理办法。蒸煮干燥法设备简单，成本低廉，适用于养殖单位自己加工使用。喷雾干燥是加工厂常用的技术手段，往往加工成血粉。

加工后的血粉可在畜禽饲料中添加使用，鸡用量一般在 2% 以下，幼猪避免使用，育肥猪饲料中可按照 4% 添加，鸭饲料中添加 5% 为宜。

附录　鸭的免疫程序

　　目前，对鸭群进行免疫接种的传染病主要有鸭瘟、鸭病毒性肝炎、鸭大肠杆菌病、鸭霍乱、鸭传染性浆膜炎，以下各免疫程序仅供参考。

　　1. 鸭瘟的免疫程序

附表 –1　鸭瘟的免疫程序表

鸭品种	疫苗类型	接种时间	剂量与途径	效果
肉鸭	鸡胚化弱毒苗	7 日龄	0.2 ~ 0.5 毫升/只；肌内注射	7 天后可产生抗体，并保护肉鸭至上市
种鸭	鸡胚化弱毒苗	2 日龄第一次，5 个月后再加强 1 次	0.2 毫升/只；肌内注射	抗体可维持 5 ~ 6 个月

　　2. 鸭病毒性肝炎的免疫程序

附表 –2　鸭病毒性肝炎的免疫程序表

鸭品种	疫苗类型	接种时间	剂量与途径	效果
雏鸭	鸡胚化弱毒苗	无母源抗体的于 1 ~ 3 日龄，有母源抗体的 7 日龄	0.5 毫升/只；颈皮下注射	无母源抗体的 2 天后产生抗体，5 天达到高水平，并保护肉鸭至上市
种鸭	鸭胚化弱毒苗	开产前 1 个月第一次，1 个月后再接种 1 次	1.5 毫升/只；皮下或肌内注射	抗体可维持 5 ~ 6 个月

　　注：对于发病鸭采用高免鸭病毒性肿炎卵黄液来治疗，效果亦佳。

　　3. 鸭霍乱的免疫程序

　　鸭霍乱的疫苗多为禽巴氏杆菌苗。如 731 弱毒菌苗，接种

2月龄以上的鸭群，免疫期可达3个半月。禽霍乱氢氧化铝胶苗，用于2月龄以上的鸭群，每只鸭肌内注射2毫升，间隔10天再注射1次，免疫期为3个月。禽霍乱油乳剂灭活苗，用于2月龄以上的鸭群，每只鸭皮下注射1毫升，免疫期为6个月。

4. 鸭疫巴氏杆菌病（小鸭传染性浆膜炎）的免疫程序

国内报道的鸭疫巴氏杆菌疫苗主要是灭活苗。福尔马林灭活苗经皮下接种1周龄雏鸭，可获得86.7%的保护；氢氧化铝胶苗经皮下接种1周龄雏鸭1毫升，也可较好地保护鸭度过易感周龄；油乳剂灭活苗经皮下接种8日龄雏鸭1毫升，在免疫后1周和2周攻毒，保护率可达100%。另有报道，大肠杆菌—鸭疫巴氏杆菌二联灭活苗，对两种病的预防都有效果。

5. 鸭大肠杆菌病的免疫程序

大肠杆菌血清型较多，给制苗和防疫带来一定的困难。若用常见致病性血清型大肠杆菌制成多价灭活苗，每只鸭经皮下或肌内注射0.5~1毫升，据报道有4~5个月免疫期。也可制备自场菌苗，用于本场免疫，有较好的效果。

参考文献

[1] 曾凡同. 养鸭全书 [M]. 成都：四川科学技术出版社，1997.

[2] 程安春. 养鸭与鸭病防治 [M]. 北京：中国农业大学出版社，2000.

[3] 王继文. 怎样提高养鸭效益 [M]. 北京：金盾出版社，2004.

[4] 王克华，童海兵. 工厂化养鸭新技术 [M]. 北京：中国农业出版社，2005.

[5] 岳永生. 养鸭手册 [M]. 北京：中国农业出版社，2005.

[6] 况金云，程冬升. 对星子县养鸭业现状的调查与分析 [J]. 江西畜牧兽医杂志，2006，(3)：11-12.

[7] 张海彬. 绿色养鸭新技术 [M]. 北京：中国农业出版社，2007.

[8] 肖发沂. 肉鸭营养需要特点及饲料配制技术 [M]. 北京：金盾出版社，2008.

[9] 张海彬. 绿色养鸭新技术 [M]. 北京：中国农业出版社，2007.

[10] 王秋宝. 我的养鸭致富经 [M]. 石家庄：河北科技出版社，2006.